致我們的青春

臺灣、日本、韓國與中國大陸的網路小說產業發展

謝奇任　著

自序

　　網路小說的流行，不但在過去的亞洲文學界中從未見過，在世界文學的版圖也未曾出現。但是到目前為止，對網路小說的研究仍十分有限，而且缺乏系統性梳理，學術研究的進度，跟目前網路小說在臺灣、中國大陸、韓國與日本的大眾文化影響力相比，實在不成比例，因此本書想藉此機會，介紹亞洲網路小說文化的興起、整理網路小說產業研究的文獻、釐清論產業發展過程中的核心議題。

　　本書能完成，首先必須感謝世新大學胡光夏老師，不論是在學術路上還是為人處事上，胡老師都是我努力學習的絕佳榜樣。當迷惘在寫作歧路時，世新大學林富美老師勉勵我開創就有貢獻，讓我能再次找回提筆的初衷跟原點。政治大學江靜之老師與玄奘大學陳雅惠老師，無私提供寶貴意見，幫助本研究拓展深度跟廣度。在資料搜尋上，感謝美麗與智慧兼具的摯友王淑慧在日文資料翻譯上的協助，以及帥氣的邱敬博在韓文資料翻譯上的相挺，兩位精闢獨到的外語能力，使文章順利誕生。政大韓文系郭秋雯老師對於初次寫信，完全不認識的陌生人，無私地指引韓文資料的搜尋方法跟秘訣，讓人銘感在心。張軼楠、沈贇在中國資料上的蒐尋跟提供，胡定傑在電腦繪圖上的支援，以及林庚佑在校對上的協助，在此一併

致謝。曾開設租書店防禦工事部落格的雪濤小姐，以她多年的業界經驗，從小說漫畫租書店經營者的觀點，提供第一手對臺灣網路小說市場的深度觀察，讓人獲益良多。POPO原創市集營運部經理劉皇佑先生，以書面訪談方式，提供臺灣原創文學網站業者的一手資料，也讓本書更具價值。秀威資訊有限股份公司對學術出版的義助，以及編輯陳佳怡小姐的傾力協助，讓本書得以順利出版。當然，書中如有任何錯誤和疏漏之處，全然是作者個人的責任。

中國大陸充滿活力的網路文學研究社群，近十年來對相關研究的大力投入，令人感到欽佩，彼岸學者無論是論述水平或者議題開拓，進展一年比一年神速，自己只能奮起直追，這本書要是缺少這群學者們辛苦的心靈勞動成果作為基礎，是絕對無法完成的。

最後要感謝家人長期的支持。父親謝瑞珍先生、母親簡碧菁女士從我一路至美國求學到回臺灣工作，總是扮演最大的精神倚賴跟經濟後盾。弟弟謝奇明的學術研究之路已漸入佳境，期待你早日攀登高峰。妹妹謝琬如堅毅如昔的辛苦工作照顧小孩，也是我效法的榜樣。內人陳靜蘭，從相識到結褵，生活中相處的點滴，早已化為我生命中不可或缺的養分。

謝奇任
2016年1月

目　次

自序＼003

第一章　導論＼013

　　　第一節　網路小說的定義與特色＼015

　　　第二節　亞洲網路小說的發展＼018

　　　第三節　亞洲網路小說的研究＼029

第二章　理論基礎與文獻回顧＼035

　　　第一節　文化產業取徑理論＼037

　　　第二節　網路小說產業研究回顧＼041

　　　第三節　研究問題與研究方法＼051

第三章　臺灣網路小說產業研究＼059

　　　第一節　BBS小說故事板時期＼061

　　　第二節　去中心化時期＼071

第三節　原創文學網站時期＼076

第四節　網路小說文化的改變＼078

第五節　結語＼085

第四章　日本網路小說產業研究＼087

第一節　BBS看板的網路小說＼089

第二節　手機介面的網路小說＼090

第三節　手機小說的特色＼094

第四節　魔法島嶼與Starts出版社＼098

第五節　手機小說產業的挑戰＼104

第六節　結語＼107

第五章　韓國網路小說產業研究＼109

第一節　BBS文學板時期＼111

第二節　聊天室時期＼114

第三節　商業網站時期＼119

第四節　行動平台時期＼126

第五節　結語＼134

第六章　中國大陸網路小說產業的政治化研究＼137

　　第一節　網路小說的興起＼139

　　第二節　網路小說產業的發展＼141

　　第三節　網路小說產業的政治化＼151

　　第四節　結語＼158

第七章　中國大陸原創文學網站的創作生產策略研究＼161

　　第一節　原創文學網站的平台生態＼163

　　第二節　起點中文網的創作生產策略＼169

　　第三節　起點中文網創作生產策略對網路小說文化的

　　　　　　影響＼180

　　第四節　結語＼187

第八章　中國大陸網路小說的全版權經營模式研究＼189

　　第一節　盛大文學的版權控制＼191

　　第二節　盛大文學的市場壟斷＼195

　　第三節　盛大文學的全版權經營模式＼201

　　第四節　盛大文學模式對網路小說文化的影響＼205

　　第五節　結語＼210

第九章　中國大陸網路小說的一源多用模式研究＼213

　　第一節　網路小說的IP化＼215

　　第二節　網路小說影視改編的發展＼217

　　第三節　網路小說影視改編受歡迎的原因＼223

　　第四節　網路小說影視改編面臨的問題＼226

　　第五節　網路小說影視改編的在地模式＼228

　　第六節　結語＼230

第十章　結論＼233

　　第一節　研究發現＼235

　　第二節　研究反思＼241

　　第三節　限制與建議＼247

附錄

　　附錄一　網路小說的第一種定義方式＼253

　　附錄二　網路小說的第二種定義方式＼255

　　附錄三　日本手機網路小說研究的四種類型＼256

　　附錄四　韓國網路小說研究碩博士論文的三種類型＼257

　　附錄五　臺灣網路小說研究碩士論文的四種類型＼259

附錄六　中國大陸代表性的網路小說研究系列叢書＼261

附錄七　中國大陸網路小說產業研究碩士論文的三種

　　　　類型＼262

參考書目＼264

表目次

表一　2000年～2015年臺灣網路小說改編的電影＼024

表二　2004年～2011年日本手機小說改編的電影＼024

表三　1999年～2015年韓國網路小說改編的電影、電視劇＼025

表四　2010年～2015年中國大陸網路小說改編的電影＼026

表五　2010年～2015年中國大陸網路小說改編的電視劇＼026

表六　文化產業取徑理論的分析面向＼040

表七　網路小說產業研究的分析架構＼051

表八　本書各章對應的研究面向與研究問題＼053

表九　1999年～2011年魔法島嶼發展的重要事紀＼103

表十　Starts出版社發展的重要事紀＼104

表十一　中國大陸原創文學網站的作品類型劃分＼172

表十二　2008年～2012年盛大文學的獲利＼191

表十三　中國大陸網路小說影視改編發展期作品表（2004年～2009年）＼219

表十四　中國大陸網路小說影視改編成熟期作品表（2010年迄今）＼221

圖目次

圖一　傳統出版流程中的企業優勢＼164

圖二　原創文學網站的出版平台＼168

圖三　起點中文網的出版平台＼171

圖四　起點中文網的同邊網路效應＼175

圖五　起點中文網的小說排行榜＼177

圖六　盛大文學的全版權經營架構＼202

第一章

導論

第一節　網路小說的定義與特色

　　二十世紀九十年代是網際網路普及化、商業化的濫觴，也開啟了網路時代的降臨。隨著許多創新熱潮，網路空間成為大眾文學的實驗室，影響所及，大眾文學的創作及閱讀方式相繼跳脫傳統模式，各種數位文本也紛紛誕生，「網路小說」[1]便是其中一例。從一種業餘寫作發展至今，網路小說被企業化、市場化、版權化的方式經營，開創許多令人刮目相看的成績，在當前亞洲圖書出版市場每況愈下之際，網路小說卻能吸引大批亞洲讀者流連忘返在文字世界裡，持續激發年輕人的文字創作潛力，光是這一點，就值得大家更多的關心跟注意。

　　要瞭解網路小說，必須先從它的定義談起。網路小說的定義方式至少有兩種，第一種認為網路小說是以電腦網路技術創造的一種多媒體網路文學，這種文學也被稱為「超文本文學」或「多向文本文學」，最典型的超文本文學，以網路詩為代表（李順興，2001；林淇瀁，2000；邱景華，2002；須文蔚，1998；Bolter, 2001；Douglas, 2001；McQuail, 1994）[2]。在此定義下，網路小說主要透過文字、圖形、動畫與聲音的整合，並利用網路的超連結特性，改

---

[1]　與網路小說一詞對應的英文有internet novel, online novel, web fiction, web novel等。

[2]　詳細請見附錄一：網路小說的第一種定義方式。

變原本平面文本的靜態／單向書寫，以呈現敘事上動態／互動的形式，讓讀者選擇不同的閱讀方向。此類文學想要把網路當成演出的舞台，運用網路科技提供的各種可能，以展現新的文本敘事方式（向陽，2002：33-34；莊琬華，2003.04.29）。

　　第二種是將網路小說視為一種由網路作者在電腦網路或無線網路空間中原創，以網路為傳播平台進行連載發表，提供他人閱讀的多主題作品。此觀點不再強調電腦網路科技在網路小說文本上的介入，而是把小說視為一種必須經由網路傳播過程中人際關係、社群關係與讀寫關係激盪後，才能產生的一種書寫作品。小說一直是最大眾化與平民化的文學表達形式跟娛樂內容，能夠將生活與藝術緊密結合（李河，1997），但網路小說除了傳統小說的特性，還必須滿足以下條件：必須在網路上發表、必須是原創、必須連載、作者與讀者之間經常有互動（九把刀，2007；禹建湘，2014；秦宇慧，2004；陳定家，2011；歐陽友權，2004、2008；蔡智恆，2007）[3]。

　　本研究主要以第二種定義觀察網路小說，具體來說，本研究所指的網路小說，是在網路中原創、傳播並連載的多主題小說，其風格自由、文體不限，發表和閱讀方式直接簡單，小說作者是在網路世界中經過網友追捧後發跡的，其創作過程總是充滿人際互動痕跡。這種互動可以是在虛擬社群的對話，也可以指作者在想像讀者

---

[3]　詳細請見附錄二：網路小說的第二種定義方式。

閱讀的過程中創作，小說創作不再是孤芳自賞，而是希望被即時看見，在追求互動的基礎上產生。

網路小說除了一般常提到的創作門檻低、風格自由、語言另類、發表和閱讀方式直接簡單等特色之外（九把刀，2007；周志雄，2010；歐陽友權，2004），本研究認為，「時間延續」以及「社群互動」兩種特色，才是真正讓網路小說體現網路時代精神、發揚網路媒體特性、獲得網路世代認同的關鍵因素。

從時間的延續來看，網路小說應該不是事先完成後才發表在網路上，而是利用網路這個載體進行原創，在創作過程中，作者將部分章節內容慢慢張貼到網路上發表，所以創作過程是延續的。九把刀（2007：77）認為網路小說的「發表過程充滿了斷裂，所以閱讀的經驗也是斷裂的，在時間的斷裂縫細中不止充滿了讀者對故事劇情的意見，也充滿了作者自我宣傳手法的影子，以及故事之外的共同生活話題。」因為時間的延續，讀者往往跟著小說一起成長，過程中逐漸對作品產生了黏著性。

再從社群互動來看，因為網路小說是在網路上長期連載，作者不僅是在眾目睽睽下寫作，也是在各種網路人際關係中寫作，讀者回應於是成為刺激創作的原動力，網路空間成為作者與讀者即時互動與對話的基地，過去出版業的作者，總是帶著一點神祕感，作者與讀者的互動一直保持著一種不透明性，早年報紙副刊連載武俠小說時，作者跟讀者之間也沒有類似的即時互動，甚至左右作者文本創作的可能性。但是進入網路時代後，因書寫場域的改變，作者與

讀者的互動可以更有效率，讀者可以立即對所閱讀的網路作品進行回應，作者也因此可以與讀者溝通，透過意見交流產生回饋（黃世明，2007）。對網路小說來說，作者會因為跟讀者的互動與對話，使得讀者在創作過程中有可能直接或間接影響作者的思路，創作過程因此具有開放性，作者可能會根據讀者回饋，在連載中刪除一些不受讀者歡迎的角色，或增加主角露面的頻率，改變情節發展方向等（吳琰，2011）。在網路小說的場域，經常可以見到，當作者在某一段落的文章完成發表不久之後，立即就有讀者熱切爭辯故事中的角色行動與情節安排，急切的催促你快點更新。讀者的回應帶來的滿足感，有時甚至會超越作者出版作品的慾望（黃偉銘譯，2013）。

網路小說的時間延續與空間社群特性，重新設定作者、讀者、文本之間的角色，也建立了作者與讀者之間的緊密聯繫，創作不再只是作者的一種自我抒發，更是為讀者而存在的即時表演，這種情況跟今天所熟知的「共同創作」（co-creation）與「粉絲經濟」概念幾乎不謀而合，只是網路小說在這些概念尚未被熟知的二十年前，就開始在這些概念下茁壯。

第二節　亞洲網路小說的發展

挾帶著高產量跟高人氣，網路小說在很短時間內就迅速成為亞洲重要的大眾文化孵化器，尤其在臺灣、日本、韓國與中國大陸四

地，網路小說文化受到熱烈歡迎。從比較的角度來看，這四地的網路小說無論在歷史發展脈絡、作者背景、作品交流性、對影視文化的影響，以及產業結構上，都有許多相似雷同之處，可咨參考比較。

一、歷史發展脈絡接近

　　亞洲網路小說發展跟網路科技之間有密不可分的關係，早期網路小說主要以電子布告欄（以下簡稱BBS）為集中地向外輻射傳播，例如臺灣網路小說文化從1990年代初期誕生，至今已有約二十年的歷史，一開始就是以各大專院校BBS為基地，因此不論作家、讀者還是小說，都跟校園文化息息相關。日本的網路小說早期只是業餘作家小說家在BBS看板上發表的作品，進入二十一世紀之後，因為日本人使用手機上網比率，甚至比使用個人電腦上網更普遍，才誕生了全世界第一種專門在手機上創作與閱讀的小說。韓國的網路小說也是起於1990年代，從BBS文學板時期就有一波相當令人矚目的創作高峰。中國大陸的網路小說[4]一開始以海外的大陸留學生的網路社群為主力，後來進入中國之後，以專業型網路文學社群為

---

[4]　由於網路小說一開始就被歸類在「網路文學」下，久而久之，不管是中國大陸的學術界或產業界，都習慣以網路文學來稱呼以網路小說。從實質面來說，中國大陸的網路文學，已經是網路小說的同義詞。但本研究為求名詞統一，仍以網路小說一詞代替網路文學，只有日本網路小說部分，沿用手機小說原來的稱呼。

主，水木清華（BBS論壇）跟榕樹下（純文學型創作網站）兩者是代表。

隨著電腦網路軟硬體技術不斷進步，網路小說發表與分享的科技平台也不斷更迭，從聊天室、個人新聞台、個人迷你網頁、電子報、網路論壇、小說論壇、文學網站、部落格（Blog）、到近期的手機App等網路舞台上，都能看到網路小說作者的賣力演出。雖然歷史發展脈絡接近，但產業規模並不相同，韓國與中國大陸的網路小說事業，因為商業化過程順利而成長快速，甚至出現以網路小說經營為主體的企業集團，日本手機小說雖維持一定的經營規模，但市場出現停滯不前的狀態，至於衰退最多的，反而是曾熱鬧無比的臺灣網路小說市場，大環境的氣氛不佳，使得網路小說產業也顯得蕭條。

二、作者背景相似度高

由於網路降低了發表門檻，讓書寫權力不再是文人或知識分子專利，網路小說創作者有機會不再受限於以往由出版社、作家、評審等守門人集體把關的文學傳播單向守門模式[5]（須文蔚，2004.11.17），許多人甚至是從小說消費者轉變成生產者（孫治本，2004）。這一股素人創作風在亞洲造就網路小說世界的新故

---

[5]　詳細說明請見本研究第七章第一節。

事、新英雄與新作家（張銀洙，2004），這群年輕作家中，許多人都是從學生時期就開始創作，例如臺灣的痞子蔡、藤井樹、敷米漿、九把刀、夏霏與水泉；日本的Yoshi、內藤美嘉、稻森遙香與芽衣；韓國的李愚赫、金浩植、李允世、廷銀闕與euodiasa；中國大陸的唐家三少、天蠶土豆、我吃西紅柿、匪我思存、桐華、流瀲紫等。蔡智恆（痞子蔡）是在成大唸書時開始連載《第一次的親密接觸》；日本手機小說九成以上的參與者都是高、初中的女性；在韓國連載《退魔錄》的李愚赫，跟連載《那小子真帥》的李允世（可愛淘），都是邊讀書邊寫小說，中國大陸從第一代作者到現在的第四代作者中，也不乏從學生時期就開始寫作，然後再轉換成職業作家者（聶慶璞，2014）。

在臺灣與中國大陸，很多網路小說作者並不認為自己是作家，而是用「寫手」[6]來暱稱或謙稱。臺灣的九把刀（2007：95）對此一用語有更深刻的說法，他認為網民用寫手來替代作者一詞，有避免尷尬與曖昧的意味，畢竟作家一詞為傳統實體書出版的用語，而作者一詞又有語意上不明的通用性，所以在華文網路文學中，寫手幾乎是網路小說作者的代名詞，這樣也解決許多網路小說作者對自己的認同問題與稱呼上的指涉。

---

[6] 許多非文藝或文學類的文字相關工作者，例如個人部落客、或替媒體採訪撰稿、或純粹寫稿的兼職者，也經常自稱寫手，因此就中文意涵而言，寫手比較像是一個業界通俗用語。所以此處特別強調，在本書中所謂的寫手，專指網路小說寫手。

三、作品種類多且相互交流

　　亞洲網路小說的種類十分多元，最常見的創作類型，包括風趣幽默的愛情、校園青春、都市小說等，這類小說又常夾雜著大量網路符號或流行用語，形成一股特色。另外相對於傳統小說較為保守的分類方式，亞洲網路小說中有許多種特殊種跟混種，以中國的紅袖添香網站為例，光是言情小說站的小說就分為穿越時空、總裁豪門、古典架空、妖精幻情、青春校園、都市情感、白領職場、女尊王朝、玄幻仙俠；而幻俠小說站裡的分類則有玄幻奇幻、都市情感、武俠仙俠、科幻小說、網遊小說、驚悚小說、懸疑小說、歷史小說、軍事小說。整體而言，小說故事的流行速度快，題材變化豐富，種類與數量眾多，且搜尋容易，部分網路小說的內容，會在網路上供人免費閱讀，因此成為許多年輕人的最愛。挾帶著高人氣，網路小說無論在經濟或文化面，都展現出越來越高的影響力。

　　亞洲網路小說還有一個特別的地方，就是各地網路小說之間交流頻繁，在臺灣連載《第一次的親密接觸》的蔡智恆，作品在大陸曾掀起流行旋風；韓國李允世的小說除了韓語版以外，也已翻譯成多國文字，在全亞洲的銷量更突破五百多萬本。中國大陸董曉磊連載的《我不是聰明女生》，被中韓網站瘋狂轉貼，兩地網站點擊率總合超過六千萬。該書在中國尚未出版時，便被韓國引進，一經發行，就席捲韓國圖書市場，發行量在短短二周內迅速突破三百萬

冊，穩居圖書排行榜首，其影響甚至大到在韓國產生了「哈唐族」這一新名詞，引發了中國留學潮，促使大批韓國學生湧向中國東北學習漢語（馬季，2006）。2010年盛大文學跟日本魔法島嶼簽下合作協定，交換中國大陸熱門網路小說《鬼吹燈》與日本的人氣小說《戀空》的版權，促進雙方市場的發展（顧寧，2012）。

四、跟影視產業互動程度高

　　亞洲網路小說是文化娛樂產業取材的新源頭。由於授權費用相對便宜，故事新穎且具備極大的拓展空間，兼有巨大的人氣，等於是其他產業眼中的金雞母，相關業者紛紛將網路小說轉換成各種不同形態的內容，所以網路小說被形容為理想的「孵化器」，或者帶動網路時代說故事產業起飛的「一個人火車頭」。以讓人津津樂道的熱門影視改編為例，臺灣的《第一次的親密接觸》被稱為是網路小說與影視的第一次聯姻，九把刀導演的作品《那些年，我們一起追的女孩》、《等一個人咖啡》也都是根據自己的網路小說改編（請見表一）。日本的手機小說在手機小說網站跟實體出版社通力合作下，短短幾年間，爆紅成一股新興社會風潮，手機小說不僅成為出版市場賺錢保證，還被大量改編成電影、電視劇與動漫畫，並引起西方媒體的報導，近年來《戀空》、《紅線》、《天使之戀》等都是手機小說改編成電影的案例（請見表二）。

表一　2000年～2015年臺灣網路小說改編的電影

時間	網路小說	作者	電影名稱	類型
2000	《第一次的親密接觸》	痞子菜	《第一次的親密接觸》	校園
2010	《那些年，我們一起追的女孩》	九把刀	《那些年，我們一起追的女孩》	愛情
2011	《殺手，風華絕代的正義》	九把刀	《殺手，歐陽盆栽》	動作
2014	《等一個人咖啡》	九把刀	《等一個人咖啡》	愛情
2014	《打噴嚏》	九把刀	《打噴嚏》（上映日期未定）	愛情
2015	《六弄咖啡館》	藤井樹	《六弄咖啡館》	愛情

資料來源：作者自行整理。

表二　2004年～2011年日本手機小說改編的電影

電影名稱	上映時間	電影名稱	上映時間
《Deep Love》	2004	《青梅竹馬》	2008
《Dear Friends》	2007	《Teddy bear》	2008
《Love Ring》	2007	《紅線》	2008
《Tokyo Real》	2007	《手機小說的家》	2009
《天使的禮物》	2007	《天使之戀》	2009
《戀空》	2007	《手機男友》	2009
《Clearness》	2008	《最恐怖的DARING》	2010
《愛的物流中心》	2008	《MARIA age18》	2010
《有天使的屋頂》	2008	《心動舞台》	2011

資料來源：修改自宋剛（2011），頁107。

　　韓國影視業者經常以網路小說為原著改編成劇本拍攝電影跟電視劇，商業文學網站為了幫助網路小說作者，也會主動找尋出版機會，將素材提供給實體出版、電子書出版、電影、連續劇、遊戲、廣告、音樂劇、卡通動畫等業者使用。網路小說改編電影跟電視劇

如《我的野蠻女友》、《白雪公主》、《屋塔房小貓》、《戀愛機
會百分之一》、《那小子真帥》、《狼的誘惑》等（請見表三），
也因貼近時下青年男女愛情觀而大受韓國年輕人歡迎，甚至出現
SBS電視台為了預先確保其電視劇和電影的版權，乾脆成立「網路
小說共同策劃陣營」，專門向網路小說家募集作品的情形（李修
瑩，2005.05.01）。

表三　1999年～2015年韓國網路小說改編的電影、電視劇

電影			
片名	上映時間	片名	上映時間
《退魔錄》	1999	《那小子真帥》	2004
《我的野蠻女友》	2001	《狼的誘惑》	2004
《我的野蠻家教》	2003	《我的Do Re Mi男孩》	2007
電視劇			
《白雪公主》	2004	《創造情緣》	2009
《屋塔房小貓》	2003	《成均館緋聞》	2010
《戀愛機會百分之一》	2003	《擁抱太陽的月亮》	2012
《我叫金三順》	2005	《閃耀或瘋狂》	2015
《1829——消失的4,321天》	2005	《指定你》	2015

資料來源：作者自行整理。

　　中國大陸網路小說產業跟影視產業，從2004年開始，就保持著
互動關係，近年來影視產業成長迅速，網路小說被改編成電影跟電
視劇的情況更加普遍，僅從近五年來的作品就可略窺一二，電影
如《山楂樹之戀》、《失戀33天》、《遍地狼煙》、《搜索》、
《致我們終將逝去的青春》、《左耳》等（請見表四），到電視劇

如《後宮甄嬛傳》、《杉杉來了》、《何以笙簫默》、《盜墓筆記》、《瑯琊榜》等（請見表五），都在市場創下極高的票房跟收視率，形成良好的口碑，影視產業持續跟網路作家的合作，更讓網路作家的人氣與身價節節攀升。

表四　2010年～2015年中國大陸網路小說改編的電影

時間	網路小說	作者	電影名稱	類型
2010	《我的美女老闆》	提刀狼顧	《我的美女老闆》	愛情
2010	《山楂樹之戀》	艾米	《山楂樹之戀》	愛情
2011	《失戀33天》	鮑晶晶	《失戀33天》	愛情
2011	《遍地狼煙》	李曉敏	《遍地狼煙》	抗戰
2012	《請你原諒我》	文雨	《搜索》	寫實
2013	《致我們終將逝去的青春》	辛夷塢	《致我們終將逝去的青春》	青春
2015	《何以笙簫默》	顧漫	《何以笙簫默》	愛情
2015	《左耳》	饒雪漫	《左耳》	愛情

資料來源：參考王婭楠（2014），頁7；王麗君（2013），頁10；孟豔（2013），頁41-43，並自行補充2014至2015年之資料。

表五　2010年～2015年中國大陸網路小說改編的電視劇

時間	網路小說	作者	電視劇名稱	類型
2010	《和空姐同居的日子》	三十	《和空姐一起的日子》	青春
2010	《未央、沈浮》	瞬間傾城	《美人心計》	古裝
2010	《泡沫之夏》	明曉溪	《泡沫之夏》	青春
2010	《佳期如夢》	匪我思存	《佳期如夢》	都市

2010	《最後一顆子彈留給我》	劉猛	《我是特種兵》	軍旅
2010	《特戰先驅》	狙擊手	《雪豹》	軍旅
2010	《一一向前衝》	王芸	《一一向前衝》	勵志
2010	《千山暮雪》	匪我思存	《千山暮雪》	情感
2010	《碧甃沉》	匪我思存	《來不及說我愛你》	情感
2010	《酒醒》	文雨	《苦咖啡》	都市
2011	《傾世皇妃》	慕容煙兒	《傾世皇妃》	古裝
2011	《夢回大清》	金子	《宮鎖心玉》	古裝
2011	《錢多多嫁人記》	人海中	《錢多多嫁人記》	情感
2011	《步步驚心》	桐華	《步步驚心》	穿越
2011	《裸婚——80後的新結婚時代》	月影蘭析	《裸婚時代》	都市
2012	《後宮甄嬛傳》	流瀲紫	《後宮甄嬛傳》	古裝
2012	《浮沈》	崔曼莉	《浮沈》	職場
2012	《婆媳拼圖》	仇若涵	《瞧這兩家子》	家庭
2013	《小人難養》	宗昊	《小人難養》	都市
2013	《盛夏晚晴天》	柳晨楓	《盛夏晚晴天》	偶像
2014	《杉杉來吃》	顧漫	《杉杉來了》	愛情
2014	《何以笙簫默》	顧漫	《何以笙簫默》	愛情
2014	《仙俠奇緣之花千骨》	fresh果果	《花千骨》	玄幻
2014	《盜墓筆記》	南派三叔	《盜墓筆記》	盜墓
2014	《大漠謠》	桐華	《風中奇緣》	古裝
2015	《大漢情緣》	桐華	《大漢情緣之雲中歌》	古裝
2015	《芈月傳》	蔣勝男	《芈月傳》	古裝
2015	《瑯琊榜》	海宴	《瑯琊榜》	古裝

資料來源：參考王婭楠（2014），頁7；王麗君（2013），頁10；宋姣（2013），頁6；
孟豔（2013），頁41-43，並自行補充2014至2015年之資料。

五、網路小說產業結構類似

　　網路小說產業興起之後，各種型態的商業活動紛紛展開，不同於傳統出版組織，網路小說的企業型態多為網路公司，因此發展出不同的經營策略跟模式，這些網站招攬了大批作者及讀者，形成了一個與過去傳統出版業完全不同的生態圈（陳威如、余卓軒，2013b）。

　　2010年臺灣城邦集團成立網路文學平台POPO原創，至今約有二十萬名會員，平台小說以校園文藝居多，聚集大量學生和年輕上班族群（POPO原創，2015）。截至2012年7月，日本魔法島嶼網站總會員人數共有六百萬人，每月網站瀏覽量合計超過27.5億次（角川集團，2014.10.12）。韓國的Joara跟Munpia網站，兩者均有數十萬名以上的會員人數。其中，Joara作者總數達到十三萬人，作品數量約二十六萬部，每月平均有三萬讀者付費閱讀三千多部小說，到2014年9月份為止，其會員人數已達九十萬人，平均一天網路瀏覽量達四十萬，Munpia每日網站瀏覽量則在三十萬人次以上（李京敏，2014.09.29）。

　　2012年中國大陸盛大文學旗下的六家原創文學網站，號稱每日更新的小說字數達八千萬字，作者群體達到一百六十萬人，合計小說作品數量已超過六百萬部，旗下的網路小說事業體系，包括版權保護體系、支付體系與營銷體系（陳威如、余卓軒，2013a）。盛

大文學在中國啟動了網路小說的全版權經營模式，除了併購知名原創文學網站跟整合線上到線下的虛實出版通路外，還打造了網路小說版權生產與分銷合一的「全媒體」，積極將網路小說版權推入特定產業鏈中。近年來，隨著高速網路傳輸的發展與普及，網路使用者可以透過各種行動裝置隨時隨地閱讀網路小說，網路民眾碎片化閱讀的需求被大大滿足，用戶數也不斷創新高，根據「中國互聯網路資訊中心」（CNNIC）發布的《第35次中國互聯網發展統計報告》，截至2014年12月，大陸網路文學用戶規模為2.94億，較2013年底增加1,944萬人，年增長率為7.1%（中國互聯網路資訊中心，2015）。

第三節　亞洲網路小說的研究

　　隨著網路小說興起，臺日韓中的學術社群也發表了相關研究，不過研究質量因社會關注程度、學術社群關心度，以及產業成熟度不同，產生明顯差異，從貢獻度來看，日韓對於網路小說研究的貢獻較少，臺灣居次，中國大陸的投入最多，成果也最豐碩。

　　日本手機小說在2006年到2007年之間達到顛峰後，熱潮在2008年迅速消退，文化界對手機小說關注跟著退燒，整體確實給人一種曇花一現的觀感。以「日經BP記事檢索資料庫」，以及日本國立情報學研究中心建置的「CiNii資料庫」進行檢索後，得到的搜尋結果相當有限。專書部分，2008年雖有約九本手機小說相關書籍

出版，但2009年到2011年，市場上出版的專書僅剩下兩本（宋剛，2011）[7]。日本手機小說專書主要討論手機小說的社會貢獻、手機小說的作者與作品等，而且這些專書都是以大眾導向來撰寫，學術研究上的貢獻不多。

　　韓國網路小說的研究以對網路小說的批評為主，經由「韓國學術電子期刊資料庫（DBPia）」，以及「韓國教育與研究信息機構資料庫（RISS）」兩個資料庫的檢索後，找到十篇相關的論文，其中以語文教育學系研究生撰寫的碩博士論文居多。論文主題中，討論最多的是網路小說的文本，例如文體特色、敘事方式、小說人物、語句符號使用等（朱琳琳，2008；金振良，2000；金煬圭，2010；崔幀恩，2009）；其次是網路小說對青少年讀者的影響，特別是因網路小說的人物角色個性、語言使用，可能會造成讀者的行為偏差（朱時恩，2009；鄭逸勇，2007）；只有一篇是針對網路小說的出版與改編市場的探討（李悡媛，2006）[8]。

　　1990年代臺灣對網路小說的研究以文學院跟教育學院的研究生居多，兩者分別從文學批評跟國語文教育的立場出發，對網路小說展開討論（孫治本，2006）。2000年之後，投入臺灣網路小說研究者，背景較為多元化，從2003年到2014年，包括新聞傳播、出版事業管理、社會學、教育學系的碩士研究生加入之後，在研究上產生幾個趨勢：在研究取向上，已經從「文學」導向轉成「網路」導向

---

[7]　請見附錄三：日本手機小說研究的類型。
[8]　請見附錄四：韓國網路小說研究碩博士論文類型。

（同前註）；在研究方法上，主要是以質化方式進行，比較欠缺量化調查的探索；在研究主題上，可從傳播學角度，初步區分為網路小說傳播者（網路小說作者）、傳播內容（網路小說的主題、類型）、閱聽人（網路小說讀者）、傳播管道（BBS站、原創文學網站等）研究四類[9]。

中國大陸的網路小說研究，從數量上來說，乃東亞四地中最為豐富者。最早開始研究網路小說的學者們是來自文學系，他們以文學理論觀察網路文學中的各種文體如詩歌、散文、小說、博客文學等，並檢視這些新文體的文本特質、文學性與數位科技對文體的影響，研究者以廈門大學的黃鳴奮[10]和中南大學的歐陽友權[11]兩人為

---

[9]　請見附錄五：臺灣網路小說研究碩士論文的四種類型。

[10]　黃鳴奮是廈門大學人文學院教授，從2001年到2004年，曾出版《比特挑戰繆斯：網路與藝術》、《超文本詩學》、《網路媒體與藝術發展》三本著作，主要介紹網路崛起後對藝術領域的衝擊，以及網路超文本技術的應用與影響。

[11]　歐陽友權是中國大陸中南大學文學院院長，也是開啟中國網路文學與數位文化研究的領導者。自2001年起發表〈互聯網上的文學風景──我國網路文學的現狀調查與走勢分析〉一文後，歐陽友權獲得官方重視，並取得研究經費補助，著手於網路文學一系列的調查工作。到2014年為止，歐陽友權出版的個人專書，計有2003年的《網路文學論綱》、2005年《數字化語境中的文藝學》、2007年的《網路文學的學理型態》、2008年的《網路文學概論》、2009年《比特世界的詩學：網路文學論稿》等。除此之外，歐陽友權也擔任各類「網路文學書叢」的主編者，包括2004年「網路文學教授叢書」、2007年「網路文學新視野叢書」，2011年「新媒體文學叢書」、以及2014年「網路文學100叢書」（請見附錄六：中國大陸網路小說研究的叢書）。其中「網路文學100叢書」是中國國家社科基金重點專案「網路文學文獻資料庫建設」的階段性成果。這些叢書加速了中國大陸學

代表。此後，陸續有學者發表網路文學研究專書，如馬季（2008）的《讀屏時代的寫作——網路文學10年史》與（2010）《網路文學透視與備忘》、周志雄（2010）的《網路空間的文學風景》，陳定家（2011）的《比特之境：網路時代的文學生產研究》。專書之外，中國大陸的網路小說研究成果，還包括大量的學術研討會論文、博碩士論文、官方民間交流會活動紀錄等。最為特別的是，中國大陸甚至開設教授網路小說的學術機構，提供有學分的課程，也有人編寫教科書給大學生上課使用[12]。

　　周志雄（2010）歸結，過去中國大陸的網路小說研究，整體上是欠缺一套比較明確的理論框架，所以在檢視網路小說產業內外的眾多矛盾之際，尚未形成一個系統化的論述架構。再者，因為研究者多出身自文學專業，對網路小說的研究，主要偏重在理論建構上，對網路作家與作品反而很少做出深入分析，對於網路小說作品的整體態度是批判的。後期大陸學者開始將視野放在網路小說的產業特色、經營模式，與網路寫手特質等議題（周志雄，2010；禹建湘，2011；馬季，2008、2010；陳定家，2011；曾繁亭，2011），尤其不少博碩士研究生積極投入網路小說產業面的討論[13]。值得一提的是，西方學者也漸漸注意到中國的網路文學與網路小說熱潮，

術界對網路文學現象的理解與接納。

[12] 例如歐陽友權（2008）所編《網路文學概論》，以及西南交通大學的梅紅等（2010）編著的《網路文學》，都是採用教科書式的單元化內容編排印行。

[13] 詳細整理，請見附錄七：中國大陸網路小說產業研究的相關碩士論文。

倫敦大學教授Michel Hockx在2015年出版了*Internet Literature in China*，算是正式開啟西方學界對於中國網路文學的討論。

　　快速回顧亞洲網路小說的相關文獻之後，可以發現，過去對網路小說的關注，主要集中在小說寫作的文學素養、寫作品質跟語文使用方式上，其次是網路小說作者的創作動機與寫作行為、網路小說的敘事方式與類型特色、網路小說讀者迷文化等面向，對於網路小說的生產與行銷，除了近期中國大陸的研究著墨較多，其餘並未有系統化的介紹，但即便是中國大陸的相關產業研究，仍然欠缺一套理論架構支撐其論述。為了彌補相關研究的缺口，本研究遂有以下的研究目標產生：

　　（一）以亞洲地區網路小說現象普及的臺日韓中為範圍，對四
　　　　　地網路小說產業的發展歷史進行比較；

　　（二）以亞洲四地網路小說產業為分析對象，釐清產業運作
　　　　　方式；

　　（三）針對亞洲四地網路小說產業，以理論觀點來解釋與評估
　　　　　產業的變遷，增進學術社群對於網路小說產業的瞭解。

　　基於這三個目標，本書將先於第二章中，介紹理論基礎、檢閱目前相關研究的成果，繼之提出本研究的研究問題，然後說明研究的架構跟研究方法。

第二章

理論基礎與文獻回顧

第一節　文化產業取徑理論

經濟面向是文化創意活動得以延續的物質基礎，也是促進流行文化變遷的關鍵機制，流行文化想要堅持藝術與表達理念的同時，必須考慮如何找到一個可靠的經濟基礎。再者，從傳播研究的角度來看，要完整認識流行文化，也需要從其政治經濟脈絡，瞭解流行文化產業體系的再製、分配、行銷和報酬的活動，包括商業體制與附屬連結市場的整體如何運作、文化商品的流通手段、企業或組織型態彼此之間如何串連，因為這些面向，有助我們瞭解流行文化的文本跟閱聽人。

大眾文學是流行文化裡面的重要一環，而網路小說又是當代大眾文學的一個代表，因次本研究也希望從產業面向出發探索網路小說，不過考量到以下幾點原因，本研究在諸多文化產業研究的理論觀點中，將選擇「文化產業取徑理論」（the culture industries approach）作為理論架構。

第一，在研究文化產業的諸多觀點中，文化產業取徑理論認為只有先理解當代的文化產業，才有助於瞭解文本是如何形成，以及文本如何在當代社會中扮演核心角色（Hesmondhalgh, 2009），這個想法與本研究的旨趣是不謀而合。

第二，本研究的主要目標並非對產業提出批判，而是要先認識產業，以便對產業的變遷提出解釋與評估。以往文化工業批判學派

的學者，對於文化工業化的傾向提出許多警告（Adorno, 1990），認為追求利潤為導向的文化工業生產機制，會因事物標準化、分配與行銷的正常化與合理化，讓文化內容在大量生產的過程中，逐漸失去創作自主性與作品獨立性。不過網路小說產業的發展情境，跟過去文化工業學派所批判的大眾傳播媒體有別，因此批判並非本研究的首要目標，而是要先理解在市場機制下，網路小說業者發展的專業服務和管理體系為何，以及這些網路新興體制下的系統化和品牌化經營跟管理機制，對創作自主性產生何種影響，然後才是批判的提出與後續分析的進行。

第三，本研究認為在對網路小說產業進行觀察時，特別需要一個能兼顧鉅觀與微觀層次的理論架構，以充分掌握產業動態和多元性，如果只著墨產業金字塔頂端的權力集中化，固然能夠洞察其權力結構的分配方式，但卻因太過聚焦在頂層，反而容易與實際科技應用情形、組織管理的動態，以及創意與產品流通等面向的討論失之交臂。

文化產業取徑理論源自於文化社會學中，用文化觀點分析文化產製的研究傳統（DiMaggio and Hirsch, 1976; Garnham, 1990; Hirsch, 1972; Miège, 1989; Negus, 1997; Peterson, 1985; Peterson and Berger, 1975），再由英國學者里茲大學David Hesmondhalgh（2002, 2007, 2012）匯集整理提出。文化產業取徑理論認為，雖然文化產業中的企業，跟其他所有型態的企業一樣，最終關切如何獲利的問題，但因為文化產業身兼文本創造者、創意作品管理行銷系統、促進文化變遷的代理者的多重角色，因此有讓人無法忽略的經

濟特殊性（Hesmondhalgh, 2007／引自廖珮君，2009：5-10）。基
於此，要釐清文化產業的變遷時，除了著眼整體脈絡，還可以從文
化產業本身獨特的組織及經濟動態著手，尤其是要思考組織的管理
與創意的流通，因為文化產業需要銷售文化產品，所以如何管理自
然成為重要課題。

　　Hesmondhalgh認為，與其他產業相比，文化產業組織及經濟動態
之所以獨特，源自於產品的經濟與文化雙重屬性，以及產業的高風險
特徵。為了降低市場失敗的風險，文化產業的組織經常以生產大量作
品以平衡失敗作品與暢銷作品；用水平集中或垂直整合整併市場來
極大化閱聽人數量；經由人為手段創造稀有性；將文化產品類型化以
降低產製失敗作品的可能性；鬆綁對符號創作者的控制；及嚴密管
理通路與行銷等行為來回應市場的不確定性（同上引：20-27）。
循此，自從1980年代以後，評估文化產業變遷與持續的基本問題，
就包括文化產業的符號創作者，能夠決定他們的作品如何編輯、宣
傳、流通的程度為何？文化產製的作品數量，是否越來越多但卻越
來越不多元？文化的整體品質是否下降了？（同上引：80）。

　　針對這些問題，Hesmondhalgh（2012：65）提出解釋性分析
與評估性分析兩種分析類型，分析的面向包括企業所有權及結構、
文化產製在經濟與社會中的位置、組織與創意自主權、文化作品及
其報酬、國際化與美國的文化貿易支配、主要科技與文本。在各面
向之中，他還列出了解釋文化產業變遷程度，以及評估文化產業變
遷中的重要問題（相關整理請見表六）。

表六　文化產業取徑理論的分析面向

文化產製面向	與文化產業變遷「程度」有關的問題？	與文化產業變遷評估有關的問題？
企業所有權及結構	由於企業集團及整合的變遷，而促成所有權及結構的嶄新形態為何？	在廣大社會中，文化產製的成長規模及文化產業企業權力所帶來的效應是什麼？
文化產製在經濟與社會中的位置	在國內經濟與全球商業活動中，文化產業是否變得越來越重要？	文化更進一步的商品化有何寓意？
組織與創意自主權	有關文化產業主要組織形態的動態，改變程度為何？	符號創作者的創意自主權擴張或減縮的狀況為何？文化產業中的符號創作者可否決定，該如何編輯、宣傳及流通他們的作品呢？
文化作品及其報酬	有關文化勞動市場及體系對文化工作者的報償，其改變程度為何？	符號創作者及文化產業其他工作者的報酬及工作條件，是否有所改善？
國際化與美國的文化貿易支配	美國文化產業是否仍保有國際上的支配權？國際文化潮流的空間關係是否已全然改變，使我們得以宣稱：文化產製及流通的新時代已到來？	全球大型企業拒絕文化市場聲浪的狀況為何？非「核心」領域的文化產製者，若想取得進入文化產製消費的全球網路管道，究竟有什麼機會？
主要科技	影響文化產業變遷的科技、社會文化與政策的關鍵改變究竟是什麼？	數位化與網際網路是否開放了文化產製及流通的進入管道？產製及消費之間的障礙是否瓦解？
文本	文化產業的產製數量是否越來越多？但卻越來越不多元化？	文化的整體品質下降了嗎？文化產業是否漸受他們自己或社會權勢階級的利益所操弄？

資料來源：Hesmondhalgh (2012), p.6.

第二節　網路小說產業研究回顧

　　為了深入剖析亞洲網路小說產業的變遷，本研究除了將借由文化產業取徑理論中特定文化產製面向，對網路小說產業展開分析外，還將亞洲網路小說產業的發展，按照產業變遷的時間順序，區分成三個重要過程，分別是商業化（commercialization）、政治化（*politicization*），以及以版權交易為核心的網路小說版權化。

　　商業化過程是亞洲網路小說產業成長之初面臨的考驗。在中文的翻譯上，商業化也有人稱為商品化，指非商品轉變成商品的過程，亦即將原本不屬於經濟領域的事物加上商業價值。不過本研究認為，商品化的用法應該趨近於commodification，跟商業化的用法仍應有所區別，商業化是指「以提供商品為手段，以營利為主要目的行為」，包含從創新到市場的整個過程（Walwyn, 2005）。因此在本研究中，商業化的討論，簡單來說，就是想瞭解商業模式（business model）以及創意如何經由經營管理而產生利潤的方式，本研究將以臺日韓中四地，比較網路小說產業的商業化過程。

　　政治化過程主要是針對中國大陸網路小說產業成長的第二個階段而加以提出。當網路小說在文化產業變得越來越重要時，資本主義的市場制度，固然使傳媒受制於商業市場行銷邏輯與既得利益者的操控，但實施威權國家主義的中國大陸政府，仍然認為傳媒必需臣服於黨跟行政體系的意志而成為黨國喉舌工具。這一點在網路

小說產業身上也不例外，對本研究來說，網路小說產業的政治化，即是觀察網路小說如何受到中國大陸黨國政治意識型態下的言論控管，改變自己作為文學創作者角色功能的過程。

版權化過程也是針對中國大陸網路小說產業成長，而提出的第三個發展過程。在本研究中，版權化的意思是指網路小說市場轉變成以版權為主要交易商品的過程，最主要的變化就是原創文學網站開始轉型成IP（智慧財產，intellectual property）公司，而不只是網路小說平台，他們以小說內容為引擎，拉動中國大陸的電影、電視劇、遊戲、動漫、電子書、周邊商品等多元商業模式。對網路小說產業而言，版權化可以使網路小說在文化產業活動中最大限度地創造收益。

在三個動態發展過程下，本研究繼續從文化產業取徑理論中的七個「文化產製面向」中選出五個面向，對各時期的網路小說產業發展進行解釋與評估，這五個面向分別是商業化過程中的主要科技、組織與創意自主權、政治化過程中的文化產製在經濟與社會的位置、版權化過程中的企業所有權及結構、文化作品及其報酬。至於文本面向，因為偏向於討論網路小說文本品質本身，而國際化與美國的文化貿易支配面向，又偏向討論網路小說產業在文化貿易交流中的支配問題，兩者皆非現階段本研究的核心關懷，故暫不納入討論範圍。以下針對五個面向下的研究重點，繼續以文獻檢閱提出說明。

一、主要科技

在文化產業取徑理論中，對於主要科技的討論，將重點置於影響文化產業變遷的科技、社會文化與政策的關鍵改變究竟是什麼？其次為評估數位化與網際網路是否開放了文化產製及流通的進入管道？

在網路小說研究中，對於主要科技的討論，比較常見從歷史角度來陳述每種科技介面下網路小說的發展情形。以臺灣為例，陳秀貞（2005）針對網路小說的傳播媒介，列出網路小說如何由BBS站這個發祥地，經過小說板、故事板、創作板等文學性或綜合性的洗禮後，開始向外延伸到Web介面的大型網路文學創作網站、新聞台、Blog、個人網站的成長歷程。呂慧君（2009）則分析臺灣網路小說發表介面變遷的四個階段是BBS時期（從1992年開始，以小說板或故事板為代表）、全球資訊網時期（從1997年開始，以文學網站跟大型論壇為代表）、個人新聞台期（從2000年開始）、Blog時期（從2003年開始）。陳佳楓（2009）按照介面發展，歸納臺灣網路小說發展過程為BBS、個人網頁、電子報、文學社群、文學討論版、文學Blog等時期。其次再按照商業性質區分，將網路小說發展分為前商業化時期、商業化時期、部落格文體興起時期。陳佳楓並整理出在每個發展介面下，網路小說的主要特色以及所面臨的問題。吳萌菱（2012）則是選出三個網路平台，觀察臺灣當代網路小

說發展的著作，再搭配一名活躍於該時期的網路小說知名作者，闡述他們如何善用不同網路平台發表個人網路小說作品。其研究發現，以BBS為主的九把刀，常用BBS來聚集網友進行個人作品的連載與討論；以Blog為主的夏霏，則藉Blog打造個人品牌形象進行商業行銷；至於新生代的網路小說作者神小風、李穆梅、水泉三人，擅長串連實體出版管道與網路平台，在虛實的轉換間，精確掌握作品情節發展，滿足網路讀者的需求。

中國大陸部分，文學院學者早期是以McLuhan（1964）、Naisbitt（1999）、Poster（1990）、Stevenson（1995）、Toffler（1980, 1990）所闡述的資訊社會學觀點，從科技決定論的角度看待網路小說的興起，也就是把網路科技會徹底改變社會形貌當成前因，並期待數位時代來臨將使藝文發展產生革命性轉型。等到商業發展更為成熟之後，文學院學者對於網路科技的討論，轉成依照網路科技變遷發展的不同階段，對網路小說進行整理（梅紅等，2010）。

回顧過去研究，日本、韓國對於主要科技面向的研究成果偏少，而臺灣與中國大陸的研究，則慣以科技進展為軸線來整理網路小說產業發展史。綜合上述，本研究對於主要科技面向的討論，將參考臺灣與大陸的研究，以科技發展為軸，整理出網路小說產業發展的不同階段。在此面向下，本研究提出的研究問題是：影響網路小說產業變遷的主要科技為何？

二、組織與創意自主權

在文化產業取徑理論中，對於組織與創意自主權的討論，將重點置於文化產業主要組織形態的動態，改變程度為何？並評估文化產業中的符號創作者可否決定，該如何編輯、宣傳及流通他們的作品呢？

多數網路小說產業中的營利組織，尤其是原創文學網站，都是全球資訊網時代所誕生，譬如日本的魔法島嶼、臺灣的鮮網、韓國的Munpia、中國大陸的起點中文網。在四地當中，又以起點中文網最受矚目，因為2003年起點中文網成功實行了網路小說付費閱讀模式與分潤模式，雖然它不是最早推出類似概念的網站，但卻是最早能夠成功者，從此之後，才有中國大陸網路小說的榮景，原創文學網站也躍居為網路小說產業中最重要的組織，相關產業研究，也開始以原創文學網站為研究重心。

以中國大陸為例，陳虹（2010）發現中國的原創文學網站已建立一條系統性、專業性的產業鏈。方維（2011）發現中國文學網站網路小說盈利模式具有依靠內容開發、強大市場支撐、良好發展環境，以及與新科技融合等特點，但同時也面臨高難度的版權保護、低俗內容氾濫、相關制度不完善、以及傳統文學挑戰等問題。易真（2011）則質疑原創文學網站的盈利模式過於單一，會升高日後網站經營上的風險，建議網站應從按質定價、舉辦競賽、試行經紀人制、以及強化版權開發改善經營體質。韓茜（2011）除了細數中

國原創文學網站的歷年發展，還比較網站間的經營模式與融資策略，指出原創文學網站需要網路管理專家的協助，才能在有序的環境下成長。李靜（2012）視原創文學網站為網路文學目前主要的生存空間，並以起點中文網的成功經驗進行驗證，將VIP付費模式的實施成功視為網路文學產業化發展的起點。呂融融（2012）以SWOT模型分析晉江文學網的多元化經營策略，並指出晉江的優勢在於累積大量使用者、落實個人化、個體化、客戶化和特定化（合稱PICN）的戰略。曾海純（2013）以榕樹下網站為個案，運用SWOT模型，分析榕樹下經營的優勢、劣勢和面臨的機會。高雪（2014）根據企業競爭力相關理論，分析原創文學網站競爭力的內涵、特徵、影響因素等，並為原創文學網站競爭力建構了一個評價指標，包括構成產品、使用者、運營、資本競爭力四個一級指標，以及十二個二級指標，再根據這套評價指標體系，對起點中文網、縱橫中文網、晉江原創網、紅袖添香網、逐浪網五個原創文學網站進行競爭力的評分和綜合評價。

　　綜合上述，本研究針對組織與創意自主權面向的討論，將聚焦在三個研究問題：

　　（一）臺灣、日本、韓國、中國大陸網路小說產業中，具代表性的原創文學網站有哪些？

　　（二）這些原創文學網站的商業模式為何？

　　（三）在其商業模式下，各地網路小說文化曾出現過哪些明顯改變？

三、文化產製在經濟與社會的位置

在文化產業取徑理論中，對文化產製在經濟與社會的位置的討論，將重點置於經濟活動中，文化產業是否變得越來越重要？中國大陸的網路小說近年來已經發展成一種新的娛樂內容，並成功帶動了其國內相關產業的繁榮。儘管在文化產業取徑理論中，對於這樣的變化，偏向從商品化的方向來解釋，但由於中國大陸的國情特殊，中國官方經常藉由大眾文化來收編群眾，形成新的統治技術，遂行以往「從群眾中來，到群眾中去」的群眾路線（張裕亮，2010），因此文化產製在經濟與社會的位置，更需要從後者，尤其是從政治角度來思考，例如中共開始嚴格管控網路言論之後，網路小說的商業發展是否也受到中共網路言論政策控管的影響。

對此，本研究將以初探的方式，對網路小說產製在社會位置中的面向展開討論，主要分析問題是網路小說產業如何受到中共網路言論政策的控管？

四、企業所有權及結構

在文化產業取徑理論中，對於企業所有權及結構的討論，將重點置於企業集團及整合的變遷，促成所有權及結構的嶄新形態為何？

對於網路小說企業所有權及結構的討論，討論度最高的是盛大文學集團，因為2008年後，盛大文學公司開始進行大規模的垂直與水平整合，同時透過聯盟策略與多方娛樂影視產業成為銷售伙伴，可以說盛大文學繼起點中文網之後，又再次翻新了網路小說產業的發展模式。

　　盛大文學的一連串企業動作，吸引來不少學術關注，直接以盛大文學為個案進行學術論文研究的數量頗眾，例如王祥穎（2010）對盛大文學在發展過程中所採取的全版權運營戰略做了全方位的詳細闡述。劉攀（2010）以盛大文學為例，分析該集團在最大限度的佔有網路文學資源之後，藉文學版權管道上多條領域的擴張，形成一條完整的產業鏈與整套網路文學的產業化模式。于曉輝（2012）分析盛大文學的全版權運營模式後，指出其經營方面可能面臨的挑戰，如加強版權保護、創新盈利模式、對網路原創文學出版的扶持等。梁飛（2013）以品牌傳播學為視角對盛大文學的產業結構、行銷模式、品牌傳播策略等內容進行分析，並解構其品牌策略方面的方式與不足。楊寅紅（2013）將盛大文學的發展歷程梳理成為四個階段，並利用SWOT模式對盛大文學全版權運營模式進行分析。施晶晶（2013）從巨觀、中觀和微觀三個層次，評估盛大文學模式對新媒體產業的啟示。李慶雲（2014）認為，雖然盛大文學面臨許多經營挑戰，但是隨著不斷改善，管理的不斷優化、版權意識的加強、與傳統出版聯繫的不斷加深和出版形式，相信仍有遠大的發展前景。

綜上所述，本研究對於企業所有權及結構面向的討論，將以盛大文學為例，分析該公司如何透過產業壟斷，達到控制版權交易目的，進而擴張其在中國網路小說市場的力量？

五、文化作品及其報酬

　　在文化產業取徑理論中，對於文化作品及其報酬的討論，將重點置於文化勞動市場及體系對文化工作者的報償，其改變程度為何？

　　對於文化作品及其報酬的討論，本研究將以網路小說影視改編作品為案例進一步討論，因為在盛大文學等公司的推動下，網路小說版權已經成為中國大陸文化娛樂產業覬覦的對象，並引發網路小說IP搶購熱潮，圍繞在文化作品上的討論，很大程度是與影視改編結合在一起，例如2011年10月，由網路小說改編而成的同名電視劇《步步驚心》，除了在大陸造成轟動外，更在日劇、韓劇環伺下的臺灣電視市場殺出重圍，創下高收視率，掀起「步步熱潮」，與同年底播出的另一部網路小說改編電視劇《後宮甄嬛傳》，並稱2011年華語圈最火紅的電視劇，這種現象也開始將網路小說作品與工作報酬的討論焦點，轉移到以網路小說如何進行影視改編的過程上。

　　當網路小說的影視改編顯現了可觀的經濟效益後，出現一波網路小說影視改編的相關研究，分析網路小說改編成電視影與電影時

產生的優點，以及會遇上的難題等，例如謝宏娟（2011）從中國網路小說影像改編作品的概念界定作為切入點，梳理中國網路小說影像改編作品的發展歷程，總結網路小說影像改編的局限性：如題材選擇的局限性、製作水準的粗糙、改編者身分不明等。房麗娜（2013）認為網路小說改編中仍然存在著一些問題，需要不斷進行修正和調整。尤其面對國際文化交流日益頻繁的時代環境，應打造出具品牌化的文化產品。王穎（2013）闡述網路小說影視劇改編繁榮的原因，以及網路小說的影視劇改編的題材類型。孟豔（2013）從影視藝術的角度對網路小說影視劇改編熱產生原因、歷史進程、改編方式、改編作品類型以及改編出現的問題進行梳理。王麗君（2013）探討網路小說影視傳播的內在動因，網路小說影視傳播過程，挖掘網路小說影視傳播受歡迎的原因。王婭楠（2014）認為如何在改編過程中，將傳統文化融入，進而推出富品牌化、精品化的藝術產品，是產業整體需要努力的目標。褚曉萌（2014）認為網路小說為影視劇提供了豐富多樣的題材內容和主題思想，其在改編的過程中，藝術形式、審美風格和消費特質也發生著變化，網路文學和影視藝術只有在相互獨立的情況下才能相互成長。

綜上所述，本研究對於文化作品及其報酬面向的討論，將以中國大陸的網路小說影視改編為例，分析中國大陸網路小說影視改編的發展與模式為何？

第三節　研究問題與研究方法

回顧網路小說產業面的研究成果，並從相關文獻脈絡中找出本研究的主要研究問題後（分析架構請見表七），本節繼續針對各研究問題下的次要問題與各章內容的安排，進行補充說明（條列式整理請見表八）。

表七　網路小說產業研究的分析架構

第一層	第二層	第三層
發展過程	網路小說的產業面向	主要研究問題
商業化	主要科技	影響臺日韓中網路小說產業變遷的主要科技為何？
	組織與創意自主權	臺日韓中網路小說產業中的代表性原創文學網站有哪些？他們的商業模式為何？在其商業模式下，網路小說文化出現哪些明顯改變？
政治化	文化產製在經濟與社會的位置	中國大陸網路小說產業發展如何受到中共網路言論政策的控管？
版權化	企業所有權及結構	中國大陸的盛大文學如何透過市場壟斷，控制網路小說版權的開發與交易？
	文化作品及其報酬	中國大陸網路小說影視改編的發展與在地模式為何？

資料來源：作者自行整理。

一、各章研究問題

　　第三章為臺灣網路小說產業研究，本章討論的研究問題計有：臺灣網路小說產業歷經哪些階段性的變化為何？臺灣網路小說產業的代表性網路平台為何？臺灣網路小說產業的商業模式為何？商業模式對網路小說文化有何影響？

　　第四章為日本網路小說產業研究，本章討論的研究問題計有：日本網路小說的科技特色為何？日本網路小說產業的代表性業者為何？日本網路小說產業經營的挑戰為何？

　　第五章為韓國網路小說產業研究，本章討論的研究問題計有：韓國網路小說產業歷經哪些階段性的變化？韓國網路小說的代表性的業者為何？韓國網路小說業者的商業模式為何？

　　第六章為中國大陸網路小說產業政治化研究，本章將從經濟與政治兩個面向，討論中國大陸網路小說的發展，相關的研究問題計有：中國大陸網路小說產業的發展進程與特色為何？中共的網路言論管控，對網路小說產業造成的影響有哪些？

　　第七章為中國大陸原創文學網站的創作生產策略研究，討論大陸原創文學網站中最具代表性的起點中文網，相關的研究問題計有：起點中文網的線上寫作平台導入了哪些創作生產策略？這些策略對中國大陸網路小說的創作品質、網路寫手的創意自主權有何影響？起點中文網的經營方式對網路小說文化的影響為何？

第八章為中國大陸網路小說的全版權經營模式研究，討論大陸網路小說市場中，曾經頗受關注的盛大文學集團，特別是它的企業結構與產業鏈結，相關的研究問題計有：盛大文學如何控制網路小說版權？盛大文學如何壟斷網路小說市場？盛大文學的全版權經營模式如何運行？

第九章為中國大陸網路小說的一源多用模式研究，本章將討論中國大陸網路小說影視改編現象，研究問題有：中國大陸網路小說影視改編的發展過程為何？發生原因為何？網路小說影視改編的隱憂有哪些？網路小說影視改編在地模式特色為何？

第十章為結論，主要針對本書各章研究論述做一總結，並提出網路小說文化的反思、本研究的限制，以及對未來研究的建議。

表八　本書各章對應的研究面向與研究問題

章名	產業研究面向	研究問題
第三章 臺灣網路小說 產業研究	主要科技、組織與創意自主權	臺灣網路小說產業歷經哪些階段性的變化？ 臺灣網路小說產業的代表性網路平台為何？ 臺灣網路小說產業的商業模式為何？ 商業模式對網路小說文化有何影響？
第四章 日本網路小說 產業研究	主要科技、組織與創意自主權	日本網路小說的科技特色為何？ 日本網路小說產業的代表性業者為何？ 日本網路小說產業經營的挑戰為何？
第五章 韓國網路小說 產業研究	主要科技、組織與創意自主權	韓國網路小說產業歷經哪些階段性的變化？ 韓國網路小說的代表性的業者為何？ 韓國網路小說業者的商業模式為何？
第六章 中國大陸網路 小說產業的 政治化研究	文化產製在經濟與社會的位置	中國大陸網路小說產業的發展進程與特色為何？ 中共的網路言論管控，對網路小說產業造成的影響有哪些？

第七章 中國大陸原創 文學網站的 創作生產 策略研究	主要科技、組織 與創意自主權	起點中文網的線上寫作平台導入了哪些創作生 產策略？ 起點中文網的策略對中國大陸網路小說的創作 品質、網路寫手的創意自主權有何影響？ 起點中文網的經營方式對網路小說文化的影響 為何？
第八章 中國大陸網路 小說的全版權 經營模式研究	企業所有權及結 構	盛大文學如何控制網路小說版權？ 盛大文學如何壟斷網路小說的市場？ 盛大文學的全版權經營模式如何運行？
第九章 中國大陸網路 小說的一源 多用模式研究	文化作品及其報 酬	中國大陸網路小說的影視改編發展過程為何？ 中國大陸網路小說影視改編潮的發生原因？ 中國大陸網路小說影視改編的隱憂為何？ 中國大陸網路小說影視改編的在地模式為何？

資料來源：作者自行整理。

二、研究方法

在研究方法的運用上，由於本研究想從歷史與文獻中，探究亞洲網路小說產業的變遷過程，這個過程需要檢視各地網路小說產業發展的歷史紀錄、分析大量的資料與文獻，因此本研究將採取歷史與文獻分析法作為研究方法。

歷史與文獻分析法主要是依賴現在的思考，去探詢過去特定事情，研究期間必須要尋求歷史資料、檢視歷史紀錄並分析與評鑑這些資料。當研究者對歷史資料進行蒐集、檢驗與分析後，便可以從了解、重建過去所獲致的結論中，解釋現象的現況，甚至預測將來發展（葉至誠，2000）。歷史事實雖然常以時間先後順序來加以

安排跟撰寫，但歷史研究絕對不只是對過去發生的事件進行描述而已，最主要還是解釋。

對於歷史的解釋，在歷史學研究中，主要有歷史主義者（historicist）、客觀的（objective）、解釋的（interpretative）三種看法（林麗雲，2000；胡光夏，2007）。比較三者的優缺點，歷史主義者相信在歷史中可以找到傳播史的法則，這些法則將能鑑古知今，但缺點是可能會忽略史實，使人類再度成為歷史法則的客體；客觀主義者強調擺脫理論與價值觀的牽絆，讓史實真實呈現，向讀者說話，但缺點是可能成為自己主觀的俘虜；解釋學派者則對歷史提出解釋，再用史料加以驗證，缺點是可能受限於資料、人物的流失等因素，使得歷史解釋成為暫時的和假設性的（胡光夏，2007）。

上述三種途徑各有所長，研究者應按照自己的立足點來選擇適合途徑。本研究既然是想探討亞洲四地的網路小說產業，如何在特定歷史情境下，發展出自己的商業模式，然後繼續以中國大陸為案例，瞭解中國大陸的政治與社會對於網路小說產業，這些討論多數為「他者」，採用客觀途徑時侷限性較高，因此，歷史主義和解釋途徑對本研究而言較具價值，也是本研究所採行的解釋方法。

在進行歷史與文獻分析法時，不同的文獻資料都會有不同助益或侷限存在。礙於網路小說產業規模與其他文化產業相比並不大，所以無論在市場結構（structure）、市場行為（conduct）或經營績效（performance）上，都面臨產業數據不足、官方資料短少、統

計數據不連貫的缺憾，私人企業的資料也不甚透明，所以在資料真實性判斷上容易受干擾。為了克服盲點，在分析過程中，筆者採取質化研究中的厚描精神，儘量參考多種資料來源，避免因資料單一化造成判斷跟解釋上的誤差。在本研究中，亞洲網路小說產業研究資料，將來自下列五個面向：

（一）學術資料庫：臺日韓中的學術著作，包括專書、學術期刊、研討會論文、博碩士論文等，這些資料許多是透過四地的學術與產業資料庫搜尋，包括日本日經BP記事檢索資料庫、日本國立情報學研究所論文情報資料庫（CiNii）；韓國學術電子期刊資料庫（DBPia，原文為누리미디어）、韓國教育與研究信息機構資料庫（RISS）；中國知網（CNKI）的文獻、期刊、博碩士論文資料庫、艾瑞諮詢（i Research）；臺灣博碩士論文知識加值系統（NDLTD in Taiwan）、CEPS中文電子期刊服務。

（二）政府出版品：如中國互聯網資訊中心（CNNIC）出版的《中國互聯網路發展狀況統計報告》，以及《中國文化產業年度發展報告》、《中國傳媒產業發展報告》等。

（三）網路資料：包括臺日韓中的原創文學網站的官網資料、公司訊息與最新消息等，這些網站包括臺灣的POPO原創市集；日本的魔法島嶼；韓國的Munpia、Joara、Naver、BookPal；中國大陸的起點中文網、晉江原創

網、紅袖添香網、榕樹下、小說閱讀網、言情小說吧、瀟湘書院等。另外還有各種文學論壇、部落格、BBS群組中，關於網路小說的留言與討論等。

（四）產業報導：各種媒體發布訊息，如對網路小說的報導，對網路小說網站的介紹、重要人物的專訪，並利用媒體資料庫如聯合知識庫、中國時報全文報紙影像資料庫等進行資料檢索與蒐尋。

（五）深度訪談：訪談網路小說網站經營者所獲得的第一手資料。

第三章

臺灣網路小說產業研究

以主要科技演變，劃分臺灣網路小說產業的發展時，可將網路小說發展過程分為三個時期，分別是1992年至1998年的BBS小說故事板時期、1999年至2008年的去中心化時期、2009年迄今的原創文學網站時期。

第一節　BBS小說故事板時期

一、主要科技演變

臺灣的網路小說文化，源自於大專院校BBS的流行潮。1992年底，全臺第一個BBS站在中山大學成立，此後發展迅速，到1997年底就有606個（黃洛晴，2003）。

BBS看板的操作以文字為主，只要懂得基本操作指令，任何人都可以進入站內，當時大學生幾乎是人手一個BBS帳號。使用者在BBS可以發布訊息、收發郵件、即時聊天等。BBS群組內設有不同的板面，網路小說主要是在小說板（novel）或故事板（story）張貼[1]，小說故事板起初都是所謂的「站內板」，也就是文章的閱讀與回應，都僅限於該站使用者，優點是管理容易，缺點是無法擴大交流。後來小說故事板除了站內板外，又新增「連線板」，連線板可以讓發文者選擇是否將文章張貼到外校BBS（黃洛晴，2003）。

---

[1] 本書以「小說故事板」一詞，通稱以張貼或連載網路小說為主的各種BBS看板，如小說板、故事板、創作板、文學板等。

連線板的出現後，加快網路小說在校園間的流通，外校BBS小說板發表的文章，也會同步轉貼到已參加連線的其他BBS板面（孫治本。2006）。

在BBS看板運作的網路小說，其傳播活動有以下特色（魏岑玲，2010：44）：

（一）從排版方式來看，BBS看板畫面是黑底白字，雖然比較單調，但善加利用卻能營造出意想不到的效果。

（二）從發言方式來看，BBS看板有其獨特的發言瀏覽方式，通常一篇小說在板面發表後，後面會跟上其他網友的相關發言，發言乃按照逆時間順序排列，前後發言間話題可能連續，也可能轉換，不過這會導致同一主題的不同發言常常散落在不同的位置，若有大量的話題轉換，就會加速話題衰變的速度，因此單一主題討論常有支離破碎、整合困難的情況。

（三）從板面管理與互動性來看，BBS看板的互動性高，但卻也常因發表文章多且主題不一，板面易流於混亂，有時反而不易找到作者發表的文章內容，因此在維護上比較費力，但仍算是一個比較重視社群性質的平台，強調發言與評論。

（四）從讀者分類與管理來看，BBS看板較完善，能夠保留讀者的自我介紹。

（五）從宣傳功能、社群連結來看，BBS看板只能呈現純文字

敘述，要使用其他閱讀平台時，仍必須讀取新的板面，在連結上較不方便。

本時期最具代表性的連線板是成功大學的貓咪樂園（以下簡稱「貓園」），「貓園」成立於1996年6月，它之所以比其他連線板更受歡迎的原因主要有兩點：首先，從1997年7月開始，「貓園」每月都舉辦「最受歡迎小說票選」活動，許多名列前茅作品最後都是受惠於票選活動的緣故才被出版社注意。「貓園」也廣邀各大BBS人氣作者駐板，讓人氣更穩固（黃洛晴，2003）。柯景騰（2002）認為在「貓園」站內板發文，等於作者對作品版權的一種宣告。此外「貓園」的精華區因按照個人ID分類作品，並按照文章長短進行收錄，也被公認為是文章收錄最完整的精華區。「貓園」在1997年9月發行的第一本網路雜誌《貓咪樂園網路雜誌》（共發行五期），也發揮行銷和建立社群的效果，對網路小說社群之建立有所幫助（陳秀貞，2005）。

其次，「貓園」板主有積極經營小說板的心態。1997年9月至1999年9月間，「貓園」採取板主共管制，站內板與連線板各有一名板主，另外還有一名專門負責讀者與作者的公關管理，在一次名為「談BBS小說板的經營策略」的演講中，曾經擔任「貓園」板主的Lunasea指出，板主必須扮演的角色包括（黃洛晴，2003：42）：

（一）賣場規劃者：如精華區的配置、作品的收集、作者的排列順序、不同年代的整理，包含對舊文章的刪除以維持板面乾淨，使讀者可以更方便找到自己所需要的文章。

（二）活動行銷者：規劃投票、板聚、徵文等，讓使用者更有
　　　參與感並維持人氣。

（三）治安保全者：發揮監督功能，不讓文章被隨意盜用或盜
　　　轉，維護作者的權益。

（四）教育公關者：發揮教育功能，塑造板上獨特的風氣和
　　　共識。

（五）調解裁判者：網路小說在發展初期常有盜轉或盜名發表
　　　的情形，或讀者回應過於激烈而用詞不雅，板主為了維
　　　護其他使用者看文權利，必須及時做出仲裁以維護板務
　　　運作，因此板規的訂定相當重要，這也是板主在管理權
　　　限上的依據。

　　1999年後，大量廣告訊息充斥在連線板中，造成板面管理不
易，加上板主因封鎖盜轉或盜用文章時，跟網友常有糾紛發生，
也開始讓板主卻步，導致最後無心管理或者變相增加板規，這些
現象都直接或間接影響連線板人氣。王蘭芬（2005.04.12）[2]就觀察
到，連線板代表的網路小說大熔爐時代，已經開始有被許多微型個
人空間取代的趨勢：「這一兩年來，網路小說的作者逐漸發展出
『據地為王』的發表型態。大家不再像以前那樣天真無私的在BBS

---

[2]　王蘭芬曾經是一名網路小說寫手，後來到報社工作擔任記者。她的第一本
　　小說是紅色文化公司發行的《圖書館的女孩》，之後還陸續出版過《影劇
　　小記者的祕密日記》、《寂寞殺死一頭恐龍》、《旋轉木馬嘩啦啦啦》、
　　《夏天與甲蟲的故事》等書。

的公共故事板上發表作品，而是各自開了『個板』、『私人部落格』、『個人網頁』，在自我小小的天地中發表作品、餵養私人粉絲群。」

BBS孕育的網路寫手社群，首先流入BBS個人板。相較於連線板只提供創作者固定發表作品空間，個人板允許網路寫手跟粉絲有更多互動，所以重視網路小說行銷的作家，反而比較喜歡個人板，板主可以在個人板宣傳出版消息、訂書管道、簽書會地點、作者個人的演講行程等，加強個人板的社群功能，粉絲也能幫寫手在網路上進行口碑傳播。其次，網路寫手所發表的每一篇文章以及文章的討論都能被保留，這些紀錄都見證板主與讀者的聯繫，能潛移默化提升作家與粉絲的情感。當然板主除了訂板規及設立精華區，也需要不定期舉辦投票、討論與板聚，增加跟讀者的人際互動。

連線板經營後期，BBS站紛紛開放讓網路寫手申請建立個人板，例如kkcity的永恆國度[3]、啄木鳥、亞特蘭提斯、提督工坊、愛思維、美麗新世界，中正築夢園下的晨旭文學館、政大的狂狷、無名的濯夢文學館。不過各站申請資格標準並不相同，以永恆國度為例，該站就以主動邀請的方式，吸收高人氣網路寫手進駐（陳秀貞，2005）。

除了個人板之外，個人新聞台也受到眾多創作好手青睞，2000年創刊的《明日報》是個人新聞台的代表，有許多好手在此創作

---

[3] 以九把刀為例，當初他在KKCITY「永恆國度」成立個人板「Giddens」發表多本作品，包括《功夫》、《異夢》等。

過，這裡等於各種文學創作傳播的另類管道。可惜《明日報》因為經營不善，2001年就由「Pchome個人新聞台」接手。在2004年9月之前，Pchome個人新聞台文學類累積的文章中，言情小說有31,619篇、連載小說有39,623篇、科幻小說有14,547篇、武俠小說有2,675篇、臺灣文學有3,176篇、其他文學有103,908篇，總計有近五十萬篇文字記錄在其上出現，網路文學的社群活動盛況可見一般（須文蔚，2004.11.17）。

二、實體出版模式的建立

BBS小說故事板時期，網路小說有以下共通特色：網路小說寫手跟閱讀者多為學生、創作的故事多以校園文化為背景、寫手以理工背景者較多、喜歡以流水帳的敘事手法抒發心情、小說故事結構未必完整或成熟，但勝在文字應用簡潔生動、文字真誠不造作、讀者不吝於回應跟鼓勵（九把刀，2007；蔡智恆，2007）。

臺灣早期知名網路寫手，都曾在小說故事板留下作品，例如Plover的《台北愛情故事》、Mike（newhope）的《陽光下最後一季玫瑰》、Lancelot的《天使與修羅》、H3的《微笑情緣》、MARTICA的《敷衍》、Erine的《平凡人的愛》、Lancelot的《天使與修羅》、minHsiao的《見習醫生腳記》、Lunasea的《煙火》、kidking的《誰應該與我相遇》、jht的《第一次的親密接觸》、aup的《破襪子》、neversayyes的《晴天娃娃》、seba的

《靜學姊》，這些作品連載時，都風靡過許多學子（陳秀貞，2005；蔡智恆，2007）。

BBS孕育的網路校園青春故事，剛好替低迷的臺灣文學書市注入一劑強心針，網路小說能在出版市場攻城掠地，原因不外以下幾點。

其一，1998年之前，臺灣本土小說銷售已經遇到瓶頸，「文學已死」這句話幾乎天天被掛在文壇及出版業嘴邊，出版多位文學新銳作家作品的寶瓶文化主編朱亞君指出：「以寶瓶文化新書印量來說，平均是四千本，最少時為兩千，不過我曾聽說某些出版社印量會壓低到兩千本以下，純文學市場的不景氣，是不爭的事實」（誠品好讀，2004）。紅色文化總編輯葉姿麟認為，文學性高的小說逐漸失去市場，主要是其內容太過強調藝術性表現、展現過多的書寫技巧而過於艱澀難讀，內容背離大眾生活，使讀者不容易進入小說情境（同前註）。文學書市況蕭條迫使出版社必須開拓其他財源，這才創造了網路小說的出版機會。

其二，本土純文學創作難以為繼之際，以女性市場為訴求的言情小說「羅曼史」，同樣面臨愛情故事過度公式化，無法滿足讀者求新求變需求的情形（同前註）。葉姿麟認為，在「純文學」與「羅曼史」之間，還有一大塊灰色地帶的讀者等待被餵養。王蘭芬（2004）的觀察更直接：「一直以來以小說詮釋愛情的多為女作家，女人寫的男人很可能只是她們『幻想』出來的男人，眾多懷春少女、寂寞粉領族渴望了解男人是如何看待愛情這件事的，而蔡智恆的真情表達，剛好解答了這多少年來女人們的疑惑，他的暢銷，

絕對是再自然不過的了。」在這樣的背景下，臺灣網路小說邁向第一波出版高峰。1998年紅色文化公司出版蔡智恆的《第一次的親密接觸》，該書甫上市就熱銷，網路小說的淘金熱潮就此展開。

在這股淘金熱潮中，最具代表性的兩家出版社，則是紅色文化跟商周出版社[4]。紅色文化在蔡智恆之後，一口氣推出了十多位新生代作家的作品，如柯志遠的《孵貓公寓》、葉慈的《翼手龍與小青蛙》、琦琦的《晴天娃娃》[5]、王蘭芬的《圖書館的女孩》、dj的《家教愛情故事》、霜子的《搭便車》、酷BB的《恐龍歷險記》、許宜珮的《邂逅馬口鐵》、黃黃的《微笑情緣》、微酸美人的《在愛琴海的豔陽》等小說。全盛時期，紅色文化每月網路小說的出版量超過十二本（須文蔚，2004.11.17；陳怡如，2013）。紅色文化更在gigigaga發報台發行《LOVEPOST小說e世代》，透長期徵文，將選入精華區的文章刊載在雜誌上[6]，一旦發現有雜誌讀者或網友喜愛的作者，就會為他們發行實體書（林奇伯，2001；須文蔚，2002.03.25）。

---

[4]　紅色文化與商周出版社是同屬於城邦集團下的兩個獨立部門，在2000年5月合併。

[5]　琦琦的《晴天娃娃》描寫的是一個純純高中女生暗戀同學的故事，頗有日本少女漫畫風格，1998年2月在BBS連線板連載，為期一個月，造成轟動，故事尚未完成就有電影導演來接觸希望能拍成電影。2000年《晴天娃娃》與另一篇小說《懶得說愛你》集結出書，在台灣地區賣了二萬多本。短短幾個月內，琦琦從高中女生搖身一變成為網路人氣作家，呼應了網路「快速」的特性（林奇伯，2001）。

[6]　同類型刊物，還有晨星出版社的《e-writer》。

商周出版社旗下則擁有網路第二代、第三代作家如藤井樹、
芎風、林紅心、玉米蟲、晴菜、suny、洛心等人，該公司將網路
書系定位為「愛情」。不論是紅色文化的「FICTION」系列，或
者商周的「網路小說」書系，出版的書量都超過五十本以上，當一
般書市新書最低印量為五千本，網路小說的銷量平均都在一萬本
以上。

　　紅色文化的主編葉姿麟表示：「嚴格來說，紅色文化出版的網
路小說是屬於『青春小說』的類型，從過去的《未央歌》到《擊壤
歌》以至今日的《第一次的親密接觸》，都可以算是這個脈絡下的
書寫」（誠品好讀，2004）。商周出版社主編楊玉如也表示：「目
前在網路上發表的小說仍多以『愛情』為主，也因書寫者眾多，比
較容易出現出色的作品」（同前註）。網路書評人林信安則認為，
平面網路小說幾乎可以說已經形成一種新的「私羅曼史」文類，
「受選書方向與網路人口以學生為主的生態影響，網路文學的平面
出版幾乎都以寫實的方式描繪校園生活中的愛戀情事，可以說是
作者藉著寫作讓愛情生活『小小死亡與小小重生』」（林奇伯，
2001）。

　　除了紅色文化與商周，不少出版社也開始鎖定網路小說出
書，企圖找出下一個金雞母（陳伯軒，2001.06.10；須文蔚，
2002.03.25）。隨著各式各樣掛著網路小說頭銜的書跟作者進入書
市，暢銷書的起點，平面出版轉移到網路出版；新世代小說家的決
戰場，也悄悄從傳統副刊、文學雜誌與書市裡轉移到網路。

從流程來看，在BBS小說故事板發掘高人氣作家，然後快速在實體市場出版，成為臺灣網路小說產業早期的經營模式，出版社把網路當成挖掘創作新人的場所，除了主動接觸，也嘗試成立自己的電子報或舉辦網路小說比賽來徵選新人，這種模式也一直延續到下一個時期。

但是以實體出版作為最後一哩路的網路小說商業模式，讓網路小說生態產生三種明顯的變化：一是網路小說躍居出版市場暢銷書，《第一次的親密接觸》席捲臺灣與大陸書市之後，網路小說進入一波出版高峰（蔡智恆，2007），描寫校園青春的愛情小說席捲臺灣各大書店排行榜[7]。2004年誠品書店與聯經出版、聯合報副刊、公共電視聯合主辦的「最愛一百小說大選」活動，從1994年到2004年，華文創作入選十三件作品，網路小說就佔了七本（魏岑玲，2010：3）。二是網路寫手人數快速增加，由於媒體大幅報導網路文學，許多有志於寫作或想成為作家的人，都是在這時期投入網路小說的創作行列（蔡智恆，2007），創作者幾乎六成以上是學生族，本身很少在報紙副刊或文學雜誌投稿，而是先透過網路發表作品（陳子鈺，2002.02.12）。三是出版社為網路小說帶來新讀者群，過去許多人對網路小說的認識有限，畢竟當時在網路上閱讀網

---

[7] 1999年金石堂的年度長銷書排行榜，蔡智恆的《第一次的親密接觸》居第二名；誠品書店2001年大眾文學暢銷書榜，蔡智恆的《檞寄生》位居第二，同年該書也進入金石堂文學類暢銷書榜的第五名，第二十名是藤井樹的《這是我的答案》；2002年，誠品書店年度文學類暢銷書榜則有藤井樹的《聽笨金魚唱歌》，金石堂的TOP 2 0更是有七本網路小說上榜。

路小說的人數仍少，但拜實體出版之賜，網路小說開始以傳統面貌直接面對廣大閱讀群眾，也拓展了閱讀族群的限制，大量讀者能接觸到所謂的網路小說（林奇伯，2001）。

第二節　去中心化時期

一、主要科技演變

　　BBS小說故事板衰退後，個人板，文學論壇[8]與文學網站相繼卡位，希望能夠成為網路小說寫作平台的領頭羊。

　　《臺灣文學年鑑》針對1998年到2003年的網路文學進行調查時發現，商業型文學網站的數量有逐年攀升趨勢（陳秀貞，2005），大型網站如優秀文學網[9]、優仕文學網（優仕網）、華文網創作平台（華文網）、創作線上、鮮網、小說頻道、冒險者天堂都提供了創作發表空間，可以讓網路寫手連載作品。

　　以優秀文學網為例，該網站的定位是網路文學創作型網站，主要提供網友線上即時投稿，網羅網友的小說、散文、詩作後，再與實體出版社合作將網路文學作品轉為實體書。2002年該公司有五成以上的營收來自實體出版，還有三成則來自行動通訊服務跟網路廣

8　有些網站是以「文學論壇」之名經營，但在本書一律通稱為商業型文學網站。
9　華倫網訊以資本額新臺幣二千萬在1999年成立優秀文學網，當時員工數為十五人（陳曉莉，2003.07.31）。

告業務（陳曉莉，2008.09.08）。2003年8月1日，優秀文學網企圖打破過去經營方式，改採付費閱讀制度來經營。網站的作法是先從已收錄的三十萬篇詩、小說以及散文作品中，篩選出五千篇優質文章為付費內容，向三十五萬名會員收費。在提供付費閱讀服務的同時，優秀文學網也推出作者回饋金，當作者文章點閱累積達三千五百點，就可折算成一千七百五十元，其中作者可以獲得三成分潤（五百二十五元）。優秀文學網表示，內容網站走向收費是必然趨勢，該站收費方案初期有二百元、三百元及五百元三種[10]，除了將支付金額換算成閱讀點數之外，付費會員也享有在該站免費發送手機簡訊的加值服務（陳曉莉，2008.07.31），不過優秀文學網的付費閱讀制度最終並未成功實現。

　　另外一個臺灣早期具代表性的網路小說網站是鮮網，鮮網是沈元在2000年集資五十萬美金創立，總部設於美國矽谷。秉持「平民也能出版」的想法，鮮網想打造一個「大眾文學」的網路基地，經營初期除了向所有創作者開放之外，內容也涵蓋了純文學、大眾文學，甚至超文本等（周浩正，2007.04.12）。2000年6月鮮網開始營運後，推出了都會小說《裸身十誡》、驚悚小說《白雪公主殺人事件》、同志小說《當孫悟空愛上唐三藏》、詩合輯《網上，一些詩人在漫步》、極短篇《烘焙我的情人》等作品，作家分別來自臺灣、大陸、香港、新加坡及海外等，其後的鼎盛期間，每月出版

---

[10]　網友每支付新臺幣一元，就可獲得二點的閱讀點數。

致我們的青春

072

的小說數量最高達到七十多本，號稱華人網路世界最大的文學網站（陳建華，2007.08.04；須文蔚，2004.11.17）。鮮網的「奇幻武俠」叢書在當時業界頗具知名度，玄雨的《小兵傳奇》（2003年7月出版第一集，銷售約二十萬冊，已售出遊戲版權）、蕭潛的《飄邈之旅》（2003年1月出版第一集，銷售約三十萬冊）、手槍的《天魔神譚》（2001年12月出版第一集），都是出自鮮網，鮮網風光的時候，出版的作品幾乎就是玄幻小說的市場保證。

除了商業文學網站外，Blog也成為網路小說作者經常用來發表作品的空間。大型Blog服務網站如無名、批踢踢兔、樂多、Msn Spaces、天空部落等，也吸納大量網路文學社群，特別是當BBS個人板與個人新聞台相繼式微或關閉時，Blog順勢成為下一個網路寫手的棲身之所（蔡智恆，2007）。

不過孫治本（2006）指出，Blog的文體主要是以小品敘事散文、評論，和具專業性質的報導為主，比較不利網路小說的發表，如果作者們只想用Blog來推銷小說，會遇到很大的困難，所以儘管個人Blog中，不乏許多高人氣的文字創作或評論者，例如彎彎、女王、酪梨壽司、草莓圖騰等人都是極富盛名的部落客，社會上用Blog來從事商業行銷也十分受歡迎，但對於網路小說這種文體來說，效果有待商榷。陳穎青（2008.04.13；2008.04.14）指出：「Blog在閱讀動線上，口碑轉寄上，現成人氣上，都比其他線上媒體要差。而又因為部落格在人氣未開之前，跟一個封閉媒體沒有差別，不會有自然出現的隨機訪客，這樣導致的結果便是，想用部

落格推廣你的小說嗎？對不起，你得先推廣你的部落格。」許多
網路小說寫手考量到作品行銷，還是會先到BBS或商業文學網站先
發表，等到累積出人氣，再將作品轉到Blog經營，但這樣一來，以
Blog來經營網路小說者的比重反而開始急遽下滑。

二、租書店通路的建立

　　二千年初期商業文學網站相繼成立後，臺灣網路小說出版模式
出現第二種型態，也就是「小說漫畫租書店通路模式」。商業文學
網站雖然想要朝「網路創作、付費閱讀、實體出版」的目標邁進，
但優秀文學網、鮮網、小說頻道推出的付費閱讀制度紛紛面臨失
敗，文學網站經營者無奈下還是只能將戰場擺在實體書市。不過幸
好商業文學網站在網路小說的虛擬經營上，已經建立基本的雛形及
架構，一方面以網站匯集眾多用戶，設置平台提供創作人聚合、討
論與發表，讓網路寫手有一展身手的舞台；另一方面觀察網路寫手
的作品點閱率與讀者回應情形，藉此判斷其市場潛力，再尋找具市
場銷售能力的作品。

　　當文學網站轉換成實體書商的角色時，它鎖定的銷售主力，
其實並非一般的消費大眾，而是小說漫畫租書店（以下簡稱租書
店）。租書店文化在臺灣庶民文化中佔有一席之地，它也是臺灣另
類的民間圖書館，隨著許多人一路成長，無論是二十年前的言情小
說潮、十五年前的少年漫畫瘋、十年前的玄幻小說熱潮，租書店都

是幕後關鍵推手。

　　全盛時期臺灣租書店數量可以達到四千家，人口密集區域甚至出現十幾家共同競爭的榮景，近年來隨著大眾閱讀習慣改變、休閒娛樂電子化、盜版、房租、水電費高漲等壓力下，逼使不少租書店熄燈關門，2013年全臺僅剩下一千多家租書店，數量還在減少中（王茂臻，2013.07.14；彭雅宣，2012.06.05）。

　　因為有龐大的租書店數量作為支撐，網路小說的出版市場才能發展出以租書店為銷售對象的經營模式。根據雪濤（2009.12.23）的觀察，專門為租書店出版的網路小說紙本書，其大小為19cm×13cm，一集約六萬字上下，售價是一百六十元到一百八十元之間，通常會分多集出版，一套書動輒十幾集或幾十集者相當常見[11]。租書店進書以玄幻小說為大宗，因此代表性的玄幻小說文學網站以及出版社如鮮鮮（鮮網）、小說頻道、信昌、先創、銘顯、河圖、普天、紫宸社等，靠著租書店需求，拉動業績成長，商業文學網站，雖然在網路付費閱讀的試驗上未能成功，但是靠著奇幻、玄幻、驚悚等類型小說的吸引力，加上租書店出書模式分進合擊，創造出臺灣網路小說出版市場的第二春。

---

[11] 通常一集六萬字的小說，許多讀者花半小時到一小時就能看完，閱讀時間縮短，可以提高小說的迴轉率，所以這種尺寸的小說，相當受小說漫畫租書店的喜愛。

第三節　原創文學網站時期

　　付費閱讀經營在臺灣一直碰壁，所以網路出版業者也只好先以其他方式，企盼度過線上出版的青黃不接時期。2009年12月，POPO原創市集（以下簡稱POPO）在臺灣成立，POPO的概念是仿照中國大陸的原創文學網站，再加入臺灣的線上出版元素，成為一個集合線上創作、線上閱讀、線上出版的平台。成立POPO的城邦集團執行長何飛鵬表示，創立POPO的目的，是希望透過網路平台作為數位出版的管道，聯合作家或想成為作家的人以及出版社一同加入，集結作家原創內容或出版社新書，讓網友付費購買或閱讀（陳宛茜，2013.02.09a）。

　　POPO雖然隸屬於傳統出版社（城邦媒體控股集團），但在該集團中嘗試建立所謂「全網路出版模式」整合網路創作、閱讀與出版，用整合平台方式，養成創作者與讀者、凝聚創作與閱讀的能量、經營個人內容與社群、增加個人出版的概念，並提供多種出版流程選擇，降低出版社的出書風險（劉皇佑，2012.10）。

　　POPO成立初期邀請藤井樹、銀色快手、黃國華等五十位作家駐站，到了2010年，網站宣稱有將近一千五百位的駐站作家（滕淑芬，2010）。POPO希望提供業餘作者一個發表的管道，透過原創市集發表文章測試市場需求及讀者人氣，網站使用者只要免費註冊後，就可以申請成為POPO作家開始上傳文章發表作品，一旦

成為POPO簽約作家，作品還可以轉製成電子書上架販售。此外，POPO也結合內部數十個大型出版單位，以及集團外的出版社共三十多家，共同透過其平台銷售電子書供使用者在電子載具閱讀，或者以實體書出版方式發行。至此，臺灣網路寫手除了將作品發表在文學網站或部落格之外，也開始有一站式（one-stop service）的選擇。

作家跟出版社可選擇兩種方式加入POPO，第一種加入方式是自營模式，由作家與出版社決定上稿跟訂價方式，POPO收費設定保持彈性，作者可以自己指定要全書收費、指定某些章回收費，或依實際銷售狀況更改作品價格。作品被讀者訂閱產生實際利潤後，POPO會收取訂閱章節收入的30%作為平台服務費，70%則歸作家。

第二種加入方式是合作模式，由作家與出版社提供內容委託POPO營運，作家與出版社再與POPO拆帳對分。POPO平均每本書售價僅實體書的10%~30%，讀者可選擇用網路ATM、信用卡或電信業者小額付款交易，購買一本書可以線上閱讀三十天，另外也能購買書中部分章節，或是購買每千字的內容，目前POPO也支援手機、電子書閱讀器等裝置。

POPO把網站內容分為三大類，分別是與愛情主題有關的濃情館、涵蓋各種小說題材的異想館，以及非小說類的綜合館。每一館又細分不同題材，提供讀者迅速搜尋感興趣的原創作品。POPO的創作類別是由站方制訂，給予創作者在寫作時選擇，目前全站

主要的兩個創作類別是愛情與奇幻科幻（劉皇佑，書面訪談，2014.11.06）。

2011年，POPO針對Android系統線上閱讀平台，曾推出整合行動閱讀與即時線上書櫃功能的「POPO閱讀器」APP（電腦王阿達，2011.02.19），不過應用程式僅短暫開放下載三星期，收集使用者意見之後就沒有後續的更新，甚為可惜（林穎嵐等，2011.03.11）。POPO表示，目前除了「會員等級積分系統」、「珍珠票」、「魚叉票」的會員投票機制之外，還有其他針對作家激勵的相關機制持續開發（劉皇佑，書面訪談，2014.11.06）。

第四節　網路小說文化的改變

一、實體出版模式帶來的改變

BBS小說故事板時代，網路小說創作與閱讀風氣興盛、作者與讀者之間的互動性強，創作者邊寫邊貼，讀者閱讀後可迅速將心得想法透過回覆文章至板面或寄信到作者信箱，即時回饋給作者，形成網路小說創作圈的明顯特點。網路使用者亦開始認真討論網路小說之可能性與未來性，在網路使用者的定義下，不僅網路小說文本是網路文學創作，讀者與作者的對話亦屬創作的一部分（蔡智恆，2007）。

不過這種情形在出版社投入網路小說的出版之後，也逐漸產生

了質變。首先，網路小說開始出現「去網路化」的現象，最明顯的改變，就是當網路寫手跟出版社簽約後，就不再更新連載內容，而是等作品完結之後，再一次交給出版社印製。嚴格來說，這已經使網路小說空有網路之名而無網路小說之實，只是把網路當成宣傳管道，甚至很多人一出書就急著把發表在網路的內容刪除，等到出書之後，又以假身分回應自己的作品，營造出網路上有人熱烈討論該書的假象（同前註）。

其次，網路小說類型開始窄化。由於出版社選擇大量與網戀或校園愛情有關的小說，希望能複製《第一次的親密接觸》的成功經驗，其他寫手為了快速出名，會刻意模仿成名作品風格（孫治本，2006）。成名寫手受盛名之累，日後創作在出版社的制約下，也漸失自由（林奇伯，2001），因為出版社會要求寫手持續創作同一類型的作品。魏岑玲（2010：59）以網路小說暢銷作家的前七位作品進行統計後發現，七位作者的作品題材大致可分為：愛情文藝、奇幻、恐怖驚悚三大類，其中又以愛情文藝類最高。久而久之，網路小說故事的類型就越來越窄化，重複率越來越高，以致於讀者在談到網路小說時，都以為網路小說就是校園羅曼史（莊琬華，2003.04.29；蔡智恆，2007）。

最後，想成為商業作家的新人們，順從出版社訂立的遊戲規則。當寫手的寫作目的是有求於出版社時，部分未成名的網路寫手就會針對出版社下功夫，以出版社的徵文喜好作為個人作品走向，甚至刻意修正為某一主題。

整體而言，BBS小說故事板時期，網路小說如野火般蔓延，以紅色文化為代表的傳統出版社勢力，迅速接收這股創作力，將網路小說實體化並推向市場。2005年之後，校園純愛類型的網路小說銷售鈍化，已經無法再為出版社帶來豐厚利潤，出版社紛紛縮手，九把刀（2006.05.28）對此一情況的描寫是：

> 網路小說的錢景沒以前欣欣向榮了之後，常給人「不過就是將租書店言情小說那套拼貼轉製成校園愛情的小說罷了」的廉價感，文學氛圍低兼又內容貧乏，於是網路小說家便成了人人唯恐避之不及的標籤，有些以前搶著在書皮上掛網路小說家名號的人，現在紛紛表示自己早已脫離在網路上寫作的「廉價生產方式」，邁入了所謂專業作家的神祕領域。

二、租書店通路的影響

當網路小說的實體書市場開始轉成以租書店通路為主要銷售管道時，臺灣網路小說的寫作文化迎來了第二波劇變，這些變化展現在以下趨勢的出現上。

第一，玄幻與奇幻小說創作成為主流。玄幻、奇幻、驚悚類型小說在租書店通路的出版速度快，出書量龐大，雖然臺灣有一批本土的創作者努力耕耘這些類型小說，例如九把刀、星子、Div、莫仁、羅森、手槍、幽靈大士、超市凶器、御我、蝴蝶、護玄、水泉

等人，但相比於市場需求，這些創作人力仍然如杯水車薪，無法應付租書店市場的胃納，於是臺灣出版業者，包括文學網站出身的鮮鮮、小說頻道以及其他言情出版社、傳統玄幻出版社、綜合類出版社，甚至漫畫出版社等，開始將目光放在中國大陸，直接跟起點中文網、幻劍書盟、逐浪網等中國大陸的文學網站進行合作，一旦有適合作品就快速的取得繁體市場授權，然後在臺灣印製發行（雪濤，2012.02.15）。

第二，兩岸網路小說市場開始形成一種下上游的分工關係。中國大陸自從原創文學網站摸索出付費商業模式後，大規模的養出許多職業作家，他們的稿費低、更新快、主題選擇多，來自大陸的網路小說，尤其是玄幻、奇幻、驚悚故事，很快包辦了臺灣網路小說市場（雪濤，2009.12.23），形成以中國大陸原創文學網站作為創作源頭，臺灣出版社負責中介版權，並印製出版，而臺灣租書店則在下游負責小說租售的產業鏈結。在這樣的生態中，臺灣本地寫手因為寫作速度跟寫作量居於劣勢，作品只能走向以一般書店為主要通路的文叢式出版。

第三，臺灣網路寫手開始西進。以往在中國大陸的原創文學網站還未走入付費閱讀制之前，臺灣的繁體書市場是許多大陸網路寫手賺取稿費，維持生計的重要來源，尤其是促使長稿寫作開始流行，很多大陸寫手才恍然發現，寫小說竟然還能賺稿費，而且還是賣出繁體版而獲得的稿費，頓時，對岸寫作人口開始大幅增加。臺灣網路小說繁體出版市場，可以說帶動了大陸網路文學在二千年初

期的鼎盛，之後才有大陸原創文學網站的崛起。2003年撰寫《飄渺之旅》的中國作者蕭潛（2014）感嘆，當初誰也想不到網路小說可以攀上如此高峰，可以有如此眾多的寫手。但臺灣繁體書市規模畢竟有限，網路盜版文化盛行，加上中國原創文學網站商業模式日漸成熟，大陸寫手就不再那麼看重臺灣市場，主攻繁體市場的寫手也紛紛回歸中國本地市場，反而是在磁吸效應下，更多臺灣寫手開始西進[12]，投入大陸原創文學網站。許多臺灣網路小說作者測試自己網路小說作品的起始點，已經不在臺灣，而在對岸的原創文學網站。

第四，中國大陸的網路小說大舉來臺。在租書店通路模式下，臺灣網路小說作者面臨的不止是商業型網路發表平台的欠缺，更重要的還有來自中國網路小說作品的大軍壓境，大批中國原創文學網站的流行風潮也快速吹向臺灣，使得臺灣網路小說市場逐步跟大陸同步化。例如2005年宮鬥小說讓在讓中國網路小說進入「宮廷年」（徐尚禮，2007.08.15），2006年盜墓小說讓中國網路小說進入「盜墓年」（白德華，2008.01.09），2007年大陸的「盜墓」、「探險」、「玄異」等吹進臺灣書市，此後還有「穿越」、「總裁」、「種田」等文體接續輪動，至此，臺灣的小說租書店架上，到處擺滿中國原創文學作品的景象成為常態。

「中國原創文學網站發表——授權臺灣出版——小說租書店租閱」的一條鞭經營模式，已經悄悄形成網路小說出版業的「紅色供

---

[12] 例如本名陳玟瑄的御我，就讀成功大學外文系二年級時，就開始在大陸起點中文網發表《1/2王子》。

Error

 致我們的青春

082

應鏈」，在網路小說創作力我消彼長之下，網路小說也改朝換代，引領潮流的已非以校園青春故事見長的臺灣創作者。

三、全網路出版模式帶來的影響

在強敵環伺下，POPO主攻市場定位差異，POPO認為臺灣創作者與大陸創作者的創作內容不同但各有所長，儘管臺灣本地的平台規模較小，但透過異業結合、嘗試多樣化版權開發，仍可為有志於網路小說創作的本地寫手提供選擇。POPO在行銷上的具體作法，包括：

第一，發展特色創作。POPO出版部總編輯楊馥蔓表示，這幾年POPO已經累積了二萬名作家與三萬部作品，透過指定創作方式的方式，讓作品更有特色，例如2013年POPO出版的站內高人氣作品《畫妖師》，點閱人次達到三十萬，被稱為台版《達文西密碼》。《畫妖師》故事背景設於台北的故宮博物館，題材融合《達文西密碼》與《陰陽師》，描述美少女畫妖師跟陽光男刑警聯手辦案，揭開收藏在故宮裡「山海經」古畫卷之謎。楊馥蔓表示，POPO想打造的是臺灣新一波的大眾文學，像《畫妖師》這樣結合歷史、社會事件與虛擬情境，「有故事、有畫面」的小說，在臺灣消失了好久（陳宛茜，2013.02.09b）。

第二，爭取異業合作。2014年，POPO與臺灣交友網站愛情公寓聯手，展開故事徵文活動，從上萬件來稿中，海選出最受歡迎的

真人故事，然後請寫愛情小說出身的作家穹風，根據票選的真人故事改編成小說《記得愛》。愛情公寓創辦人張家銘指出，該平台針對華人社群，因此也有不少港澳、星馬和大陸的會員，整體來說兩者合作的行銷效果不錯。POPO也希望持續推動這樣的活動，讓更多真實愛情故事成為華人小說的題材庫，POPO城邦原創網站營運部經理劉皇佑指出，由真人實事改編小說的形式，可作為兩岸愛情小說新的嘗試，但仍要持續測試兩岸讀者的水溫（李怡芸，2014.06.06）。

　　第三，建立市場區隔。就讀者習慣而言，臺灣作者習慣的八到十萬字的篇幅，大陸原創小說則以玄幻、奇幻、科幻、武俠類為主，這類故事的架構較大，動輒超過百萬字才看得過癮。其次，對許多臺灣作者來說，要做到一天一更已經相當困難，更別說一天數更，但是如果想在網路上長期經營，起碼要做到更新節奏穩定，做不到一天一更不要緊，也可以挑戰三天一更，或者一週兩更，讓追文讀者知道哪個時間過來有新文可以看。劉皇佑（書面訪談，2014.11.06）認為大陸網路小說擅長的是以大量情節與字數來快速鋪陳小說，給讀者高娛樂性的閱讀感受，而臺灣原創內容，則擅長雕琢文字，在有限字數下，透過長時間寫作，完成一部精緻的作品。臺灣本地作者擅長的愛情類別的原創故事，玄幻與奇幻其次，前者的創作門檻也是相對較低。由於有太多臺灣網路讀者早已習慣大陸網路寫手的創作節奏，以及動輒數十萬字甚至數百萬字的大規模故事架構，當這群被大陸作品胃口養大的讀者，面對更新速度不

快又不穩定的臺灣連載作品時，就很容易就會失去追文的耐心，這也是有志於網路上自我經營的臺灣原創作者要注意的事情（楊馥蔓，2011）。

第五節　結語

臺灣早期BBS小說故事板孕育了許多讓人驚艷的素人寫手，例如痞子蔡、九把刀等人，其後因連線板逐漸沒落，新網路社群平台陸續出現，網路小說創作社群也開始去中心化，有些分散到個人網頁、個人新聞台、Blog等虛擬空間去經營個人化社群；有些則被文學網站、文學論壇跟原創文學網站吸納。喜新厭舊的網友不停追隨著作家腳步，逐水草而居。然而遺憾的是，在BBS平台之後，臺灣網路小說發展始終欠缺網路出版模式的支持，大多數作家必須依賴實體出版市場，才能轉型職業作家，這也導致成名寫手為了生計，幾乎都不再從網路發表，而是回歸傳統方式，將作品寫完才交給出版社完成最後一哩路。

網路小說的「去網路化」，進一步弱化了網路小說的核心連載文化與社群互動精神，例如個人化網路空間淪為網路寫手經營社群，自我宣傳或促銷的場域，而非真正發表小說與連載的地方，商業型文學網站也只是把網路平台窄化成出版前的風險測試場。2012年，POPO雖以全網路及全媒體的出版的概念重新進入市場，但長期以來缺乏經濟面支撐的臺灣網路小說產業，已經因為開創性不足

只能守成，過去的知名寫手不是息筆，就是轉戰實體出版界，新人跟新作數量大幅減少，網路小說在臺灣書市裡，似乎也只剩下被書商當成作品分類的一種概念，而非寫作文化與網路精神的實踐。

第四章

日本網路小說產業研究

第一節　BBS看板的網路小說

1980年代後期起，日本開始出現業餘小說家利用電腦網路來分享自己作品的案例，最早的線上小說是原田えりか撰寫的《死者之夢》，小說發表在神奈川縣小田原微電腦社團架設的Microcomputer Center BBS（小口覺，1998：49；顧寧，2009）。此後，同類的BBS小說板，就成為日本業餘作家一顯身手的登台處。

1986年，NEC經營的PC-VAN有許多SIG（Special Interest Group）專區成立，「業餘寫手社團」是其中之一。剛開始，「業餘寫手社團」靠著舉辦小說接龍比賽來經營社群，到了1990年代之後，改以「電子小說」跟「讀者參與」為號召，推出專屬的「線上雜誌」，大膽邀請成名小說家為雜誌創作全新電子小說，雜誌的創刊號還刊登了科幻小說家大原Mari的〈超越時空的戀人們〉。此後，陸續有好幾位成名作家登場，作品類型涵蓋科幻小說、推理小說、RPG風格作品等，1993年鎌田三平也在此發表〈大樓狂想曲・奇妙的鄰居們〉。線上雜誌還利用網路調查讀者對小說「登場人物」的喜好程度，然後再請作者據此創作故事。

除了PC-VAN，從1993年3月中旬開始，富士通經營的Nifty Serve也設立「網路小說」專區，讀者群年齡約為二十到四十歲左右，內容以青春小說、推理神祕小說為主，較著名的作家包括於崛田、梁石日、水城雄三人。Nifty Serve的小說專欄與SF專欄，

也成為PC-VAN之外，早期日本網路小說和網路文學的另一個重要基地。

　　1994年，PC-VAN與Nifty Serve兩大電腦通訊服務業者各有將近五十九萬及五十二萬的用戶數，不過業者對於網路小說版圖的經營態度並不積極，只是樂觀其成。PC-VAN促銷本部主任杉本好司便指出：「小說及鉛字出版隨著音樂也會成為娛樂的關鍵」，而Nifty Serve企劃部的淺村司則透露「作為服務的一大領域，讀物是很重要的，將來會活用雙向性，也會考慮辦活動及演唱會，並邀請讀者參與。」到了1990年代末期，隨著網路普及率提升與全球資訊網竄起，業餘作家們也逐新平台而居，把重心移往全球資訊網的小說投稿網站，部分小說家開始架設個人網站，PC-VAN與Nifty Serve的人氣漸走下坡。

第二節　手機介面的網路小說

　　二十一世紀之後，日本女高中生開始流行起一種在手機上閱讀小說的文化，此種依據手機介面而創造的網路小說，在日本被通稱為「手機小說」[1]（Keitai Shousetsu），手機小說也是人類進入手機時代之後，第一種專門為手機而創造的文學形式（黃銘偉譯，2013；Goodyear, 2008）。Bodomo（2010）將手機小說定義為：

---

[1]　本章對日本網路小說的稱呼方式，仍以日本慣用的「手機小說」為主要。

「一種專門設計在手機上閱讀，並透過手機小說網站以文字訊息或電子郵件傳送的小說。」手機小說通常是由業餘作者，將作品分段創作之後，再上傳到手機小說網站讓用戶下載來看，而不是將成名作者的小說數位化為適合手機閱讀的格式再上傳。雖然從載體來區分，手機小說跟典型以電腦中介傳播的網路小說有所不同，但基本上手機小說仍透過無線網路傳送，因此將手機小說視為網路小說也是合情合理（顧寧，2009）。

　　讓人比較好奇的是，為什麼當其他國家的網路小說都是以電腦為平台時，日本手機小說的風頭卻蓋過發生在電腦上傳播的網路小說呢？或者我們應該問的是，為什麼手機小說文化只發生在日本，而沒有發生在其他國家？這個問題可以從以下幾個方面思考。

　　首先，日本手機上網普及率高。日本政府直到二十世紀末才推出「e-Japan」計畫來拉高網路普及率，不過到2009年為止，日本家庭寬頻普及率才達到60%（日本網際網路協會，2009），這個數字與其他先進國家相比明顯落後。日本資訊產業認為，要想跟電腦和網路技術遙遙領先的美國競爭，不如發展手機上網服務，這樣不僅能建構新的資訊社會模式，還能為日本社會和經濟帶來新的活力，於是電信業者就把資金投入到行動上網服務的發展上（宋剛，2011）。

　　其次，日本手機簡訊文化盛行。日本年輕人早自1990年代早期開始，就已經流行傳呼機，到了1998年手機普及率提升後，簡訊跟青少年文化的關係更為強烈（Erban, 2009）。由於日本幾乎人手一

機，手機成為日本人在生活上的必需品，也成為閒暇之餘打發時間的主要選擇。日本中央大學文學與社會學教授松田美佐說：「比起電腦，日本年輕人更常用手機上網。手機占據他們每天的餘暇時間」（Grossman, 2009.1.21）。以通勤為例，在大眾運輸工具上一直講電話會被嫌不禮貌，能夠安靜閱讀的簡訊跟郵件文化間接興起。

再者，電信業者推出的資費方案有助於手機小說的發展。1999年2月，日本第一大的行動通信業者NTT DoCoMo推出i-mode手機上網服務，i是指信息、互動和網路（information, interactive, internet），i-mode手機非常輕巧，操作簡便，顯示幕比一般手機顯示幕要大，大都能顯示256色。i-mode手機上網服務的特色，是讓用戶免費閱讀資訊與使用網路服務，公司借此增加網站瀏覽量，同時透過手機廣告獲得收益。在某種意義上，i-mode帶動手機上網的普及，也為手機小說的發展奠下基礎，讀者可以隨時連接網路進行瀏覽，只要開機就會上線，這種隨時隨地傳送資訊的方式深受用戶喜愛（白曉煌，2007.09.10）。另外從2003年底，日本電信業者相繼推出手機上網吃到飽方案，有效減輕了手機族群的經濟負擔，大大刺激手機小說文化的快速成長（Goodyear, 2008）。

最後，手機文化啟發手機小說的創作。研究手機小說的學者石原也表示：「在互相傳送簡訊時，手機逐漸引起他們（指手機群族）寫作的欲望。」此外手機用戶在閒暇時想要閱讀比較輕鬆的文字打發時間，通常較為正式的文學作品比較生澀難懂，手機小說因

簡單易懂反而更受年輕人歡迎（Onishi, 2008.1.20）。就如同部落格的流行，啟發北美地區一個世代的網路寫作風氣，日本手機文化啟發了同世代日本年輕人在手機上創作的風氣。很多手機小說作者在寫手機小說之前，從來沒寫過小說；很多手機小說讀者在這之前，根本也不讀一般小說。根據Dalton（2001）的調查，多數手機小說讀者為日本年輕女性，對她們來說，用文字向別人傾訴內心想法，再從別人的文字找到共鳴，是一種簡單實用的情緒抒解方式，於是利用手機創作，透過手機閱讀，成為年輕女性放鬆自己、分享祕密、逃避現實的管道。Rosson（1999）對日本一百三十三篇手機小說作品進行分析後，也發現其中八十一篇作品中有作者的個人資訊，他認為作者十分享受在手機小說上，向朋友報告近況、敘述煩惱，吐露自己在現實生活中不敢公開的祕密。儘管在成年人眼中，手機小說缺乏深度，無法稱得上是文學作品，但手機小說正好迎合年輕同儕嗜好，透過手機簡訊的傳遞跟交流，許多年輕女性找到一個可以縮短彼此內心距離的橋樑。

批評家東浩紀跟仲俣曉生（2007），則把手機小說崛起，歸因於「新讀者群的再發現」而已，因為手機小說的主要讀者族群（廣義的年輕族群）之前都不太看小說，但藉由手機技術提升、條件齊全之後，才能重新發掘出這個文學新市場，所以宋剛（2011）認為，日本手機小說能崛起，乃是特定社會、特定時期、特定人群、特定技術潮流綜合作用之後所產生的結果。

第三節　手機小說的特色

　　日本手機小說的主要特色，可以就書寫、作者、主題、參與式文化四個面向進一步說明。

　　首先在書寫上，手機小說最主要的特點，在於寫作風格簡約、內容通俗易懂、用語追求時尚。對作者來說，手機螢幕就像是空白的稿紙，不過這個稿紙的尺寸十分特別，因為手機螢幕所能顯示的文字有限，手機小說的特色就是句子短，段落多，通常以五行為一個自然段，每行八至十個字，一個自然段約有四十至五十字（白曉煌，2007.09.10），這樣的文體乍看之下像極新詩。一個普通的手機頁面，通常可以顯示二百到五百個日文，為了方便在手機螢幕閱讀，手機小說的敘述與對白相當扼要，但常會夾雜許多表情符號，字與字之間也很少採用標點符號，作者也不會把需要長篇大論的人物和情景描述放在小說中，而是用大量、具衝擊力的短句來吸引讀者，因此有人認為手機小說與其稱為「小說」，還不如稱為「對話」。2007年暢銷手機小說《IF YOU》的作者Rin，在談到創作技巧時就曾說：「你會在句子的中間就換行，所以你突然斷句的地方就很顯眼，比方要描述一個安靜的場景，你就會用到大量的return鍵跟空白鍵。假如一對情侶在吵架，你會把字排的很密，讓螢幕看起來很擁擠」（Goodyear, 2008）。因為這種書寫特性，手機小說被評論者認為「跟圖畫小說很像，只是沒有插圖罷了」（Clark, 2009）。手

機小說通常採由左至右的橫寫，論述時幾乎都以第一人稱敘述，以日記式的自傳或半自傳手法撰寫，小說中登場的人物也都不多。

其次，在作者部分，日本手機小說的作者跟讀者都是以女性居多，大多數作者都是二十歲左右的年輕女性（例如 н а я ч 為十九歲、紗織二十歲、白川愛理十八歲），而且不乏在學的高中生，此外根據《每日新聞》2008年的調查發現，86%的日本高中女生，75%的初中女生，以及23%的國小女生都曾閱讀過手機小說（Galbraith, 2009），所以日本手機小說幾乎可以被當成「女性文學」或「少女文學」。手機小說作者十分喜歡以筆名來匿名發表，而且筆名都會取一些俏皮的單名如Rin, Mika, Mei, Chaco等，究其原因，跟手機小說早期的創作主題相關。

在主題上，本田透（2008）在《為何手機小說會暢銷》一書中，將援助交際、強姦、懷孕、毒品、絕症、自殺以及真愛合稱為手機小說的七宗罪。由於手機小說作品經常有性愛跟暴力的描述，為了避免被家人或朋友發現，所以作者才會流行用假名創作，即使日後出版社要發行紙本時，也會繼續鼓勵作者使用假名（Farrar, 2009.1.26）。不過手機小說的主題為什麼經常圍繞在這些社會現象上呢？本田透（2008）認為，這跟創作者的經歷有關，因為手機小說作者多半居住在離東京較遠的地方，許多日本影視內容總是以東京為舞台，結果住在東京等都會區以外的年輕女性，很難跟主流媒體內容產生共鳴，因此才有創作自己身邊故事的念頭（顧寧，2009；本田透，2008）。《紐約客》（*The New Yorker*）雜誌記

者，同時也是美國線上寫作社群網站*Figment*的共同創辦者之一的 Dana Goodyear（2008）也指出，跟美國小說流行女性自主的主題相反，日本手機小說傳達的反而是女性被動與無助的一面。此外，手機小說的匿名文化有助於讀者建構自己的幻想真實，並助長大眾產生同理心。匿名文化的盛行跟一國的網路文化風氣也有關，北美地區的網路文化中，表演狂、偷窺狂跟自戀症的傾向很多，但日本則充斥匿名習性，且流行網路變裝癖好（例如男性假裝成女性）。

以小說《深愛》（*Deep Love*）為例，作者Yoshi其實本身是三十歲左右的男老師，因為和迷上手機的年輕女性接觸，2000年5月開始在自己經營的網站ZAVN（www.zavn.net）連載《深愛》系列小說第一部《阿由的故事》（*Deep Love: Ayu's Story*）（奚皓暉，2013）。《阿由的故事》描述十七歲女高中生阿由的悲慘際遇。阿由離家出走後認識男友，但男友不幸被診斷出心臟病，為了替男友籌錢開刀，阿由選擇下海援交，卻染上愛滋病身亡。小說貼出後，年輕女性讀者瘋傳，網站瀏覽人數甚至突破二千萬人次（Bodomo，2010），Yoshi還收到讀者來信希望作品能夠出版，於是Yoshi自費出版該書，首刷十萬冊順利售罄。受到鼓舞的Yoshi繼續推出第二部《Host》、第三部《雷伊娜的命運》跟特別版《Pao的故事》。2002年Starts出版社買下該書版權，並於當年出版第一部，隔年繼續出版剩下的三部[2]。

---

[2] 2008年為止，《深愛》系列四部小說總共賣出二百八十萬本（Galbraith，2009. 01. 26）。 2004 年，中文版《Deep Love深沉的愛》（荻野目櫻譯，

最後，在參與式文化部分，手機小說作者跟讀者互動，幾乎都在手機上，讀者可以即時把意見告知作者，作者如過發現讀者數變少，也會調整作品內容，甚至作者也會徵求讀者意見，並且把讀者心得跟意見加進小說中[3]，Ito（2009.2.24）稱這種現象為不需要中間人的參與式生產。參與式文化對手機小說的出版有加分效果，因為根據Goma Books出版社編輯佐藤真由美觀察，許多在手機上已經讀完小說的讀者會回頭再買書收藏，原因正是讀者們常在手機小說創作過程中，把自己的鼓勵、建議，或者批評回饋給作者，手機小說迷視她們仰慕的作者為平輩，故事直接傳送到手機上時，就像是收到朋友的私信或簡訊一樣親密。參與式文化幫助作品完成，也促使讀者想買書來見證與留念（Norrie, 2007.11.3）。有些手機小說在印製時，還刻意保留小說在手機上的編排方式，例如文章採取由左至右的橫排，而非一般傳統的日文書是由上而下的直排，或從右到左的橫排；字體顏色也選用跟手機字體一樣的顏色（Goodyear, 2008）。

台灣尖端出版社）正式發行。除書籍出版，第一部《阿由的故事》於2004、2005年分別被改編成電影和電視劇，Yoshi本人擔任了編劇跟導演。第二部《Host》也在2005年改編成電視劇，四部作品均被改編為漫畫發行（宋剛，2011）。

[3] 以Yoshi為例，他自己曾到故事發生地點東京澀谷街頭徵求年輕人意見，再把這些意見加入故事情節中，這種雙向式的創作手法不僅讓年輕讀者感到十分親切，而且反映網路時代特有的參與性，「深愛」系列也因此被稱為「新一代的小說」，Yoshi因而戲稱這部作品沒有「正宗原版」（白曉煌，2007.09.10）。

在2007年3月舉辦的第八十一屆E商業研究會上，魔法島嶼董事長谷井玲分析手機小說快速普及的理由時談到：「對作品進行創作、搜索、閱讀、回饋，產生了不同形式的使用者自創媒體（user-created media），也是催生人氣作品的動力。創作者是普通網路使用者，閱讀者也是普通網路使用者，也就是說，作者就是讀者，讀者就是作者。這樣一來，讀者可以更輕易地從作者創作的故事中找到自己的影子而產生共鳴，進而作出良好回饋使作品更受關注。」他認為，對手機小說的追捧、以手機小說為主題建立共同的網路社區、把喜歡的手機小說推薦給朋友，這一切活動的主體，都是一個一個網路使用者。因此，與其從文學角度去判斷手機小說的價值，不如以青少年為主體的個人行為與以手機為橋樑的人際交流的角度，去理解手機小說代表的社會現象。

第四節　魔法島嶼與Starts出版社

從稿件募集到作品出版，日本手機小說出版業短短幾年內就打造出相當成熟的產業鏈，這要歸功於兩種業者之間的良好合作關係，第一種是手機小說網站，以新成立的個人網站或網路公司為主；第二種是看好手機小說市場潛力而投入的出版公司。

手機小說網站在日本手機小說文化發展的過程當中發揮了重要功能。在手機小說尚未引起人們關注的初期，網站免費提供創作者需要的網路發表空間，中期則在發掘、包裝以及推廣手機小說的一

系列環節中扮演重要推手。日本的手機小說網站除了有免費開放閱讀的網站之外，也有向會員收費的網站，收費方式分為定額制與選購制，定額制是每月繳完月費之後，就可無限量閱讀當月內容或定期收到書籍內文，但無法下載；選購制是有閱讀小說才會收費，費用跟電信費一起繳納，用戶選購之後可以把書寄放在手機的虛擬空間中隨時重複閱讀，相當方便（陳孟姝，2005.04.14）。

手機小說網站還經常定期舉辦手機小說創作比賽，積極選出人氣作品，一方面替手機小說宣傳造勢，二方面製造品牌效應增加影響力。比賽會以高額獎金來吸引創作者，並以出書當作額外誘因。二千年中期之後，日本專門刊登連載手機小說的網站數量激增，較具知名度的網站包括魔法島嶼、野草莓、移動空間、獵戶座、新潮手機文庫、無限量閱讀文庫、快讀！、手機圖書俱樂部等，在短短數年內，手機小說網站就已經獲得讀者信賴，成為日本年手機小說愛好者的聚集平台。

在日本的手機小說網站中，成立時間最早、規模也最大的代表網站為魔法島嶼（Magic Island）[4]。魔法島嶼在日本手機小說的發展過程中舉足輕重，也可以說是日本手機小說發展過程的一個縮影，魔法島嶼的董事長谷井玲創辦該網站的靈感跟家人有關，1999年某天，谷井玲帶著家人去一家去中國餐館用餐時，看到讀高中的兒子一直在用手機聊天，谷井玲問他兒子那有意思嗎？兒子回答

---

[4] 網址為http://maho.jp/。

用手機來溝通十分很有趣，從此，一個利用手機提供資訊交流服務的想法開始在他心中萌芽，不久就有魔法島嶼的誕生（顧寧，2012）。

1999年2月魔法島嶼開始營運，同年谷井玲在寫給魔法島嶼用戶的第一封信中，透露他經營魔法島嶼的心情（谷井玲，1999.11.24）：

> 我們在1989年以強化電腦性能評價的系統開發公司出發，然後，於i-mode誕生的同年，即1999年創立了免費手機網頁寫作服務魔法島嶼，做為我們公司技術開發的一環。魔法島嶼是一片廣闊大地，在這片大地上的新世代的年輕人，各自種下每個人的夢想及林林總總的感動。而我們只是為了將這些種子培育成花朵，增加大地光彩，耕耘這片大地，為這片大地澆上新鮮的水，讓這塊健全的大地能繼續保存，創造一個手機網路的新文化及交流的場所。由魔法島嶼所誕生的故事，是作者與讀者合為一體，在感動的一來一往互動當中所拼湊出來的全新創造產品。由手機所誕生的作品出版成書本、漫畫，代表性的《戀空》也將拍成電影，魔法島嶼激發了許多潛力。藉由手機網路的嶄新通信技術，我們將迎接前所未有的巨大變革時期，我們將宣揚新文化，秉持創造新價值的企業自覺，為提供日本未來世代一個安心安全的服務，持續不斷地挑戰。

魔法島嶼的廣告詞是「發掘你的小說家潛能！」網站內有手機小說排行榜、小說檢索、作品宣傳等專欄，以作品區為例，作者可以在裡頭自我介紹，還可以跟讀者自由交流。魔法島嶼剛開始經營時，每天流量只有三百人，但一周之後人數增加到三萬，第三個月流量突破一百二十萬。2003年行動通訊業者推出吃到飽方案後，網站流量更是顯著增加，跟當時以i-mode為代表的收費上網服務相比，魔法島嶼採免費方式，更加受到網友青睞。

　　2006年至2007年是手機小說的黃金期，不論是作品數、受關注程度、出版發行數都達到歷史高峰。以2006年來看，該年3月手機小說網站「魔法圖書館」成立，8月由每日新聞社、Starts出版社以及魔法島嶼共同舉辦的「第一屆日本手機小說大賽」開跑，到了10月，內滕美嘉的《戀空》由群星社出版發行上市，月銷量突破百萬。進入2007年，魔法島嶼累計的登入用戶數達到五百二十萬人，網站月平均瀏覽次數達到16.5億次，出版手機小說數也達到十六部，手機小說累計銷量達到五百萬冊（宋剛，2011）。2006年全年文學作品銷量前十名中，有四部作品是手機小說，分別是：第三名的《戀空》（Love Sky）、第五名的《天使的禮物》、第六名的《折翼的天使們》、第十名的《Line》。

　　2007年6月起，魔法島嶼開始舉辦「魔法島嶼手機小說大獎賽」，大獎賽的獲獎作品完全由網友投票自行決定，大獎賽是一個提供網友施展才華的平台，也是一個將得獎作品推向出版市場的平台，藉此提升手機小說的社會及文學地位。2007年10月，《魔法島

嶼文庫》創刊，2007年11月，由魔法島嶼誕生的手機小說累計突破一千萬冊（顧寧，2012）。總計2007年，共有九十八本手機小說被紙本出版，年度排行前十名中，有五部是手機小說，分別是第一名的《戀空》、第二名的《紅線》、第三名的《君空》、第五名的《如果是你》，以及第七名的《純愛》（魔法島嶼發展的重要事紀請參考表九）。

　　傳統出版社對於手機小說出版的貢獻，主要是在於提高手機小說的社會能見度以及刺激小說版權開發。1996年到2006年，日本傳統圖書出版業的銷售業績已經萎縮了15%（Kane, 2007.09.26），而手機小說從崛起到流行，短短幾年內，市場不僅初具規模，還成功找出十歲到二十歲左右的日本女性族群市場，以往這個年齡層的讀者在日本總是被認為「離書本最遠的一群人」，但在嗅到手機小說的商機後，出版社紛紛卡位，借助手機小說在網路的人氣，為沉寂已久的書市注入活水，暢銷小說甚至賣到數十萬本，一般小說只能賣到數千本。以手機小說最盛的2007年上半年為例，在日本的文藝類暢銷書排行榜中，手機小說就有五本上榜（戴錚，2014.03.04），手機小說除了以實體書攻占暢銷排行榜，還被改拍成電視劇與電影，成為日本流行文化的象徵。

　　在手機小說出版社中，最具代表性的公司是Starts出版社，Starts出版社從2000年初就積極跟魔法島嶼合作，將魔法島嶼大獎賽得獎作品印成實體販售，包括《天使的禮物》，《戀花》、《戀空》、《君空》、《純愛》等。2006年開始，Starts出版社也自行

表九　1999年～2011年魔法島嶼發展的重要事紀

1999年2月	魔法島嶼成立，並針對i-mode使用者提供服務。
2000年3月	魔法島嶼開發了小說投稿功能「BOOK功能」。
2001年	魔法島嶼提供手機來電答鈴下載。
2002年12月	《阿由的故事》由Starts出版
2004年	與微軟合作，推出MSN空間。
2006年3月	成立「魔法圖書館」手機小說書庫。
2006年6月12日	與ASCII MEDIA WORKS（簡稱：AMW）業務合作，並發表將於2007年秋天創刊魔法島嶼文庫。
2006年8月	魔法島嶼跟每日新聞社、Starts出版社，共同舉辦「第一屆日本手機小說大賽」。
2006年10月	《戀空》月銷量突破百萬。
2007年3月	由魔法島嶼誕生的手機小說累計達到五百萬部。
2007年6月	魔法島嶼舉辦了「魔法島嶼手機小說大獎賽」。
2007年7月5日	魔法島嶼伺服器遭非法存取，瀏覽者遭到特洛依木馬病感染遭竄改資料。因此，於7月8日上午10點起展開緊急維修，7月17日下午2時左右，約隔了196小時重新開啟服務。同時，承認發送非法APP的聲明文刊載於各大網頁。
2007年10月25日	《魔法島嶼文庫》創刊。
2007年11月	由魔法島嶼誕生的手機小說累計突破一千萬部。
2008年3月	「魔法島嶼大獎2007」小說單元獲獎作品《流雲不再來》（作者НаяЧ）上市。
2010年3月5日	角川集團AMW取得魔法島嶼的經營股權，當時魔法島嶼已有六百萬用戶，每月累積三十五億PV，AMW先取得70%的股權（之後獲得100%的股權）
2011年1月1日	魔法島嶼成為角川集團子公司，AMW先取得70%的股權，之後獲得100%的股權。

資料來源：日本維基百科（2015）。

舉辦「日本手機小說大獎」，獲獎者不但有高額獎金，作品也可以被書籍化。2009年，Starts出版社創立自己的手機小說投稿網站「野草莓」。截止2011年為止，「野草莓」上共有七十三位手機小說作者的作品被出版，總銷量達到一百七十五萬冊，《戀空》的網路累積閱讀數達二千四百萬次，書籍銷量二百萬冊，2007年改編電影的票房為三十九億日圓（Starts出版社的重要記事請參閱表十）（宋剛，2011）。

表十　Starts出版社發展的重要事紀

時間	出版活動
2006年8月	舉辦「第一屆日本手機小說大獎」
2006年11月	《戀空》突破一百萬本
2007年5月	小說投稿網站野草莓成立
2007年8月	發行野草莓的第一本書《Rain》
2007年9月	《天使的禮物》改編成電影
2008年4月	野草莓網站瀏覽量突破每月一億五千萬次
2009年4月	手機小說文庫系列創刊
2011年10月	野草莓大人版網站Berry's Cafe開始經營
2011年11月	手機小說文庫青春系藍小說Blue Label創刊
2012年3月	舉辦「第七屆日本手機小說大獎」
2013年5月	手機小說文庫 幻想系的紫小說Purple Label創刊

資料來源：日本維基百科（2015）。

第五節　手機小說產業的挑戰

走過風光的2006年跟2007年之後，手機小說市場突然一蹶不振。2008年日本全國連鎖書店三省堂公布的書籍總銷量前百名中，

手機小說居然連一本都未上榜，淳久堂書店的文藝書負責人表示：
「（手機小說）到幾年前為止賣得相當好，但現在除了文庫系列
勉強能賣，高價單行本幾乎賣不動」（岡崎博之，2011.03.31），
《戀空》電視劇的平均收視率也在同期播出的十六部電視劇（2008
年7月至9月）中淪為最後一名，平均收視率僅6.4%（宋剛，
2011）。手機小說人氣流失來自幾個因素：

　　第一，各大出版社眼見手機小說賺錢，紛紛搶攻手機小說市
場，結果原本每月發行一到兩本單行本的手機小說市場，暴增為每
月至少十本，一窩蜂的結果就是購書人口被分散，書籍銷量腰斬。
Starts出版社的《平成二十年事業報告書》也指出：「手機小說曾
經以青少年為中心擁有廣大市場，本社書籍出版發行部門也因此大
幅提高知名度。但是由於其他出版社的市場競爭，加上手機小說熱
潮已過，導致本年度無法像上一年度推出人氣作品，金額與利潤都
大幅下滑。」2009年9月，曾經出版熱門手機小說《紅線》的Goma
Books出版公司，因為資金周轉問題宣告破產，負債38.2億日元，
創下日本出版公司的負債紀錄。Goma Books向媒體表示，由於出
版業不景氣，加上後續沒有暢銷書維持業績，導致公司經營惡化
（戴錚，2014.03.04）。

　　第二，讀者年齡層無法有效擴大。魔法島嶼雖然將自己定位成
使用者自製內容的日本女性入口網站，並號稱擁有六百萬會員，但
會員中99%為女性，全體會員中高中生佔了48%，初中生32%，大
學生7%，社會人士與家庭主婦等職業不到7%，顯見手機小說的年

齡層過度集中在年輕族群。一旦主力讀者群消費停滯，手機小說出版業就會遇到瓶頸。

第三，手機小說內容相似度高，易造成閱讀上的審美疲勞。文藝評論家加藤弘一（2010.07.20）認為這是作者沒有開拓新表現的野心，幾乎只寫陳腔濫調的愛情故事，近幾年因為沒有出現引人注目的話題性作品，手機小說也漸漸淡出了人們的視線。

2010年之後，針對手機小說市場的變化，不論是手機小說網站或出版社都在經營上進行調整，設法使網站投稿數量、點擊率以及出版業績繼續維持在一定水準，新的調整作法包括：

第一，擴大寫作題材。與黃金期作品相比，2010年後日本手機小說有向童話、漫畫、虛構化轉向的趨勢，Starts出版社的編輯就說，這或許跟日本的經濟衰退有關，使讀者的興趣開始轉變，甚至恐怖小說跟漫畫風格的喜劇也大受歡迎（Nagano, 2010.02.09）。許多手機小說主題偏愛學校內、企業內，男女之間的愛情喜劇，或者不諳世事的清純少女跟不良少年之間的戀情，至於生離死別的故事則大幅減少。換言之，經典的王子與公主、王子與灰姑娘、美女與野獸故事又成為主流，但手機小說在語言表達和創作方式上並沒有太大改變。此外，不管是魔法島嶼網站，還是Starts出版社的投稿網站野草莓，都不約而同地嘗試開發部落格等新區塊，在經營內容上也不再限定於文學，而是新增旅遊、美食、時尚、占卜以及生活類排行榜等，以尋求更多用戶加入（宋剛，2011），甚至科幻、恐怖小說比重也逐漸增加（戴錚，2009.11.03）。

第二，以新科技帶動創作人口。隨著智慧型手機日益普及，原本在一般手機上流行的手機小說，也開始朝智慧型手機移轉，新經營者陸續加入。例如2010年4月網路運營商DeNA和NTT DoCoMo聯手創立的小說、漫畫投稿網站Everystar正是其一。Everystar想成為「一年出書超過一百本的智慧型手機小說的推手！支援只靠智慧型手機小說就能生活的個人！積極致力於智慧型手機小說文化的發展！」（戴錚，2014.03.04）。從2014年3月開始，Everystar設立了智慧型手機作家特區，活動先募集業餘作者，再從中遴選出潛力作家，然後每月資助十萬至二十萬日元讓他們安心寫作，網站會建議寫手採用適合智慧型手機的小說文體，也就是文章要短，換行要多，適合零碎時間以手指滑動方式進行閱讀。一旦作品發表開放線上閱讀後，作者除了可獲得分成，網站也會提前推出高人氣作品的實體書跟電子書（同前註）。

第六節　結語

整體來說，手機小說的創作符合新世代「人人都是作者」的創作觀，本身也具有閱讀方便、雙向互動、出版成本低、內容容量大、目標讀者明確等特色，在相關出版業者力挺下，手機小說走過極為風光的幾年，市場作法是先讓手機小說透過網路傳播累積人氣，然後再出版紙本，當網站將一些熱門手機小說印刷出版後，這些手機小說也順利成為當年的暢銷書。經過一定時間的發展與積

累，手機小說逐漸得到了讀者認可與接受，形成為一種穩定的新文學形式。等到手機小說發展到一定程度後，內容嚴重同質化與缺乏創新性、出版業獲利模式的不確定性、產業鏈的完整度不夠等因素再次浮現，批評者看衰手機小說文化，認為過不了幾年，手機小說將不再被視為一種有影響力的大眾文化。

手機跟人們的生活息息相關，所以未來的事業也必然跟手機緊密連結，從這兩大趨勢來分析，要斷言日本手機小說的未來似乎有點言之尚早，但現階段日本手機小說能否挺住，很大程度取決於手機小說作者是否能堅持繼續創作，是否有機會成為職業作家？手機小說作為一種大眾文學作品是否經得起時間考驗？手機小說是否可以穩定不斷的有經典作品誕生？針對這些問題，手機小說出版業者已經跨出第一步，嘗試不同的解決方案，除了善用虛實整合的行銷模式之外，還繼續在網路平台上建構更完整的作者獲利模式、讀者參與機制，以及轉化參與文化力量的方法，希望提高手機小說出版內容的原創性，創造手機小說出版模式的差異化和多元性，為日本手機小說文化的延續，努力創造新的契機。

第五章

韓國網路小說產業研究

以主要科技演變劃分韓國網路小說產業的發展時，可將網路小說發展過程分為四個時期，分別是BBS文學板時期、聊天室時期、商業網站時期、行動平台時期（朱琳琳，2008；韓淇皓，2009）[1]。

第一節　BBS文學板時期

　　韓國的BBS是從1980年代後期開始出現，1989年12月BBS論壇數量首次突破百位數，以BBS看板跟討論區為核心，快速衍生了不少充滿朝氣活力的網路群體，當時韓國通信業務，主要由Hitel[2]跟千里眼[3]兩大電信商包辦（朱琳琳，2008），所以網路小說創作社群，也是匯聚在這兩大業者提供的平台上，例如1989年李成秀在

---

[1]　此一劃分方法是根據韓國出版行銷研究所所長韓淇皓（2009），以及朱琳琳（2008）的認定，另外參考2013年韓國行動平台Naver成立的時間點，因此區分出四個階段。

[2]　1989年，「韓國經濟新聞」開始提供Ketel俱樂部服務（該服務結合電子信箱、電子留言版、聊天平台、同好會、線上圍棋等功能）。1991年「韓國經濟新聞」與「韓國通信公司」合作成立「韓國PC電信股份有限公司」（就是現在韓國三大電信公司之一的KTH）。1992年3月先將公司服務產品名稱變更為Kortel，同年7月又將其更改為Hitel。到了1996年，主要的服務提供者則有Chollian, Nownuri與Hitel三家（趙惠淨，2009）。

[3]　千里眼的前身是1984年5月「韓國data電信公司」的電子信箱服務，當時還未取名為千里眼，一直到1986年9月才將服務名稱改為千里眼。1988年，服務轉成提供文字訊息之後，改名為千里眼II。1990年1月成功開通BBS PC-Serve。1992年12月，千里眼II與PC-Serve統整後，再次以千里眼這個名稱開始提供服務。

千里眼的BBS文學板發表的科學小說〈亞特蘭提斯狂想曲〉就是韓國最早的網路文學作品（同前註），當年Hitel 的BBS也舉辦寫作比賽，吸引不少人報名參加，催生許多業餘網路作者（張銀洙，2004）。

1992年Hitel文學館（Liter）跟千里眼電腦文壇板，已經是韓國的網路文學重鎮，重要作品在此陸續誕生，例如林達洪撰寫的《雷吉歐斯》[4]、李京永《神的騎士》跟金根宇的《風之魔導士》都有相當高的人氣，此外金藝利的《龍之聖殿》、李尚均的《白色royap江》，方智妍姐妹的《魔王的育兒日記》等，也都因為網路聲名大噪，間接獲得出版社青睞而出書。

不過在這個階段，最具代表性的韓國網路小說作品，當屬李愚赫撰寫的《退魔錄》。李愚赫可以說是韓國第一代人氣網路小說作家，1965年李愚赫出生於首爾，尚文高中畢業後，順利考上首爾大學工學院機械設計系，並取得學士與碩士學位，大學期間對戲劇和音樂展現極大興趣，曾參與編劇工作，也曾在戲劇作品裡演出（薛舟、徐麗紅譯，2011）。《退魔錄》在韓國網路上開始轟動，是從1993年7月開始，當時李愚赫在Hitel的恐怖／科學板，連載《退魔錄》世界篇的第一集〈賽克邁特的憤怒〉，由於李愚赫同時吸收東西方的奇幻小說的養分，將電影手法、武俠元素、中印佛道、韓國巫俗、西方宗教與妖魔傳說等元素共冶一爐，故事中魔幻、武俠、

---

[4] 當時他雖然還只是一名高中生，卻已擁有近千人的死忠粉絲。

恐怖、懸念交織一身，加上豐富想像力與現代背景，大大提升小說本身的魅力（王中寧，2007），東西方元素的融合也讓《退魔錄》完全不同於《哈利波特》、《魔戒》跟以西方文化為背景的魔幻恐怖小說，所以該書後來也被譽東方奇幻文學的新里程碑（薛舟、徐麗紅譯，2011）。

　　李愚赫剛好是在網路普及的時間點出現，所以作品迅速在網路上嶄露頭角，談到創作歷程，李愚赫透露一開始會寫小說貼到網路上，只是出於好奇，沒想到無心插柳，卻讓他從此走上一條不同的人生道路。1994年6月15日《退魔錄》出版實體書（朱琳琳，2008），之後作品被翻譯在不同國家出版發行，獲得相當耀眼成績，小說被改編成同名電影，李愚赫也晉身成為韓國文壇新星。隨著《退魔錄》的成功，韓國文人們的傳統思想有了很大的轉變，文學作者們也開始對網路空間積極嘗試，千里眼、Hitel等網站上的連載小說如雨後春筍般湧現，韓秀山、李順原、尹大寧、成石帝、殷熙京、金永河、鄭燦、孔先玉、許聖蘭等文學作者也紛紛推出自己的網路小說作品，另外還有一些業餘作者也陸續跟讀者見面，如果加上無名或匿名作者的創作活動，這時網路文學作品總數已超過數千部（朴藝丹，2010）。

　　在《退魔錄》之後，再次讓韓國奇幻小說發光發熱的是李榮道的《龍族》。李榮道1972年生於韓國馬山市，大學畢業於慶南大學國文學系，1997年25歲時開始在Hitel創作板連載長篇奇幻小說《龍族》，以一天三更的速度更新作品，當時同一個創作板內其他作品

的訪客數平均只有五十人，但《龍族》的平均訪客人數可以超過三千（張銀洙，2004）。《龍族》描述十七歲的主角修奇因與國家權力階層的暗鬥而冒險去尋找龍族，他以人類和龍做連結，去尋找特別存在的「龍族」，小說中出現的種族不只有人類，有六個對立的種族共同生存在這樣的幻想世界裡，作者透過其他種族眼裡所照射出人類的樣貌，顯露出人類的中心思考意識，也開啟了韓國奇幻小說的潮流。這本小說的構成和主體，迥異於既存作品的思考方式。因此受到許多人的注目，並為韓國網路奇幻小說全面性的發展開啟序幕（朱琳琳，2008）。1998年4月，《龍族》連載結束，5月就發行單行本，短短六個月賣出五十萬本以上，被出版市場視為救市之作（同前註），甚至有人認為，正是因《龍族》熱賣，才能讓1998年因亞洲金融危機重挫的韓國出版界走出困境（張銀洙，2004）。

整體而言，BBS文學板時期韓國的網路小說特色是以奇幻小說為主，《退魔錄》與《龍族》讓奇幻文學在韓國達到高峰，小說內容情節緊湊，用語白話。不過這個時期韓國能夠上網閱讀的民眾畢竟只佔少數，大多數民眾對網路小說的接觸，還是要等到實體書出版才有機會，因此真正的網路讀者人數並不算多。

第二節　聊天室時期

1999年後，入口網站的線上俱樂部、聊天室、個人迷你網頁（minihomepy）、部落格開始取代BBS文學板，成為韓國網路小說

社群的主要聚落，其中以Nownuri的幽默板，跟Daum Café[5]的幽默板（「Humor 國度」）最具代表性。聊天室時期的作品跟BBS文學板時期流行的作品風格大不相同，前期是奇幻小說當道，後期以歡樂愛情小說為大宗，最具知名度的新生代網路小說家有金浩植跟李允世。

1999年金浩植以「牛郎74」的筆名在Nownuri 的幽默板登場，由於文筆幽默風趣，加上使用大量詼諧網路用語，因此頗受歡迎。金浩植曾自稱：「我不是一個作者，我也不會寫作」，但這個自稱不會寫作的人，卻締造許多韓國作家望塵莫及的成績（轉引自馬季，2006）。《我的野蠻女友》是金浩植和一名女性認識後歷經的事情，他自己虛構了部分內容後，寫成一個浪漫愛情喜劇。故事從一個叫「牛郎」的年輕人展開，剛退伍的他，原本準備搭地鐵到姑姑家拜訪報平安，沒想到卻遇見他野蠻的女友宋明熙，兩人譜出一段深刻的戀情。2001年3月26日，韓國導演郭在容根據金浩植原著拍攝了同名電影，雖然只是一部小成本的製作，但電影上映後卻頻破韓國的票房記錄，上映六天，觀眾人數突破一百萬，上映十一

---

5   Daum 通訊公司為當時營運韓國最大的入口網站，同時也是韓國最大的即時通訊軟體開發商。Daum Café成立於1999年5月，除了Daum Café，2001年1月的Freechal社群與2001年9月Cyworld的homepies，都成為網路使用者重要的棲息所。2002年11月，Freechal社群的商業化，正是韓國網路商業化年代開始。2003年8月，Cyworld訂戶已達三百萬戶，2004年9月Cyworld與SK通訊公司合併之後，訂戶達到一千萬戶（Kang et al., 2005: 165-167，引自趙惠淨，2009）。

天，票房達到六百七十四萬元，打破1999年《生死諜變》上映三十天，達到五百九十七萬元的紀錄，一舉成為韓國影史上最賣座的愛情喜劇，之後連續六周蟬聯韓國電影票房的第一名。

　　根據媒體統計，當時平均每五個韓國人就有一人看過本片，因為電影太受歡迎，影壇甚至掀起「野蠻女友」的跟風作，例如《我的老婆是大佬》、《我的野蠻師姐》、《我的野蠻家教》、《愛上無厘頭》、《那小子真帥》、《我的小小新娘》。《我的野蠻女友》電影也是香港電影史上最賣座的韓國電影，票房超過《鐵達尼號》，這部影片在港台創下總票房五億韓幣的成績（周志雄，2010a）。2006年12月13日，日本TBS電視台將《我的野蠻女友》改編成電視劇，由傑尼斯經紀公司旗下的SMAP成員草剪剛和女星田中麗奈主演。好萊塢著名導演斯皮爾伯格旗下的夢工廠則是以十億韓幣和全世界票房收入的4%回報的優厚條件，買下了英文版權。

　　與金浩植出道時間接近的作者還有李允世。李允世1985年出生於韓國忠北制川市，2003年畢業於忠北制川女子高中，之後進入韓國成均館大學國文系，2012年擔任首爾綜合藝術大學的傳播編劇系教職。李允世剛開始寫作時還是一名十六歲的高中女生，2001年8月，她以「可愛淘」為筆名，在Daum Café的幽默板連載《那小子真帥》，小說女主角是一個名叫韓千穗的平凡女高中生，男主角則是風流倜儻的美男子智銀聖，書中充滿新新人類獨有的時尚元素，還有讓人頭暈目眩的網路用語跟符號以及妙趣橫生的心理測試等（張銀洙，2004）。

雖然李允世的文筆受到批評，但這絲毫不影響青少年讀者的狂熱，小說連載時，每篇文章平均點擊量達到八萬筆，作者每天可收到近六十封讀者來函，在Daum上有一百八十多個可愛淘讀者俱樂部，加入作者個人網站的會員人數也超過三百萬人，小說網路總瀏覽人數超過八百萬人次，當時一場在漢城光化門舉辦的可愛淘簽名會，就聚集超過三千名書迷（馬季，2006）。《那小子真帥》讓許多韓國青少年族群感染了所謂「那小子症候群」，李允世也成為年輕人的新偶像。2004 世界知識出版社在北京圖書訂貨會將《那小子真帥》引進中國後，同樣風靡中國青少年，甚至比它在韓國造成的影響還有過之，中譯本連續五個月高踞市場銷售排行第一，總共售出六十萬冊，該書還被稱為「2004 年最值得期待的愛情酷炫網路小說」、「讓三百萬青少年為之瘋狂的網路激情浪漫小說」。

在《那小子真帥》之後，李允世再接再厲，陸續完成《那小子真帥2》、《狼的誘惑》、《狼的誘惑‧終結版》，這些故事清一色都是平凡女生跟帥哥的現代版灰姑娘故事，浪漫輕鬆的特質，讓李允世博得「亞洲新生代網路小說天后」的封號。根據《狼的誘惑》改編的同名電影，在韓國依舊橫掃各大影院，擊敗同期上演的《哈利波特3》、《史瑞克2》好萊塢強片，登上票房榜首，更被肯定是「為韓國電影找回自尊」之作。李允世的小說作品已翻譯成多國文字，全亞洲銷量更突破至五百多萬本，她有三部作品被改編成電影：《那小子真帥》（2004）、《狼的誘惑》

（2004）、《我的Do Re Mi 男孩》（2008）。馬季（2006）認為，李允世和她的作品，證明網路小說的旺盛生命力和光明的發展前途。

除了金浩植與李允世之外，李敏英（筆名「白苗」）的《邪惡少女教室日記》、《海月童話》、《尋找翅膀》；金敏貞（筆名「真實想像」）的《我珍貴的身體。性感男孩》、《誘惑小我一歲的他》、《男人是天》；柳亭亞（筆名「銀戒指」）的《網球男孩》、《親吻中毒症》；金亨廷（筆名「超期待」）的《全蝕的話，會死》、《熱戀》等，都是Daum Café裡相當活躍的作品（朱琳琳，2008）。另外，2000年在miClub網站刊載的有關年輕人為了愛情和結婚而苦惱的文章，例如金侑莉的《屋塔房小貓》，還有2002年玄高云發表的《1%的可能性》，都被改編成電視連續劇。2003年，幽默板的人氣女大學生崔秀媛，以自身真實經歷寫出的《我的野蠻家教》，也被改編成電影（金煬圭，2010）。

整體而言，此時期韓國網路小說的主要特色是，首先，網路小說作者習慣用第一人稱寫作。第一人稱能夠讓敘事者心理狀態多樣化地表現，讓聲音表達的口語體文章、人物的感情狀態、學生們日常生活中所使用的口語、表情符號等特色，完整地傳達，這種寫作方式十分貼近學生讀者的生活經驗。其次，小說故事喜歡描寫年輕世代所憧憬的愛情世界。小說裡總有不完美的女主角吸引讀者們的同情，還有長得又帥又高又浪漫的白馬王子，帥氣男主角與平凡活潑女學生的愛情故事，展現出只屬於年輕世代的文化。最後，網路

小說作品人氣的跨平台轉移已經出現。高人氣的作品在網路空間中已經掀起相當多回應，以李允世的網頁會員數為例，就已經超過三十萬名。另外搭上網路小說電影化熱潮，李允世的小說被製作成電影後，瘋狂沈迷網路小說的數萬網民，也成為可觀的潛在消費者（朱琳琳，2008；吳慧明，2007）。

從《龍族》到《我的野蠻女友》，韓國網路小說的生產、閱讀與流通的產業鏈結逐漸成形，新人作者透過網路亮相登台也成為一種普遍化趨勢（李恣媛，2006）。從網路出道的作者，大多非文壇出身，因興趣在網路連載大受歡迎後，才吸引實體出版社簽約出書，部分高人氣作品直接吸引影視製作者或遊戲業者青睞，將作品改編成電影、遊戲等（張銀洙，2004）。此外網路小說「一源多用」的模式也逐漸在韓國成熟。

第三節　商業網站時期

2006年開始，韓國網路小說正式進入商業化的網路小說網站經營時期，網路小說的真正獲利，不再侷限於實體出版，而是多了線上付費閱讀跟線上出版等方式，這類網路小說網站以Joara（조아라）[6]跟Munpia（문피아）[7]為代表。

---

[6]　網址為http://www.joara.com/。

[7]　網址為http://www.munpia.com/。

一、Joara

Joara的前身是2000年成立的serialist.com，2003年後更名為Joara.com。由於以往韓國網路小說連載網站都是習慣根據排行榜與更新次序呈現作品資訊，Joara打破既定作法把單一作者的作品，通通收錄在類似部落格形態的「作家房」，讀者到作家房就可以閱讀單一作者的全部作品，看似簡單的調整，卻貼近使用者需求，相當獲得用戶好評（崔惠圭，2011.12.27)。

Joara經營初期也靠實體出版獲利，跟Joara簽訂出版合作協議的出版社多達十五家，全盛時期，韓國租書店架上約有六、七成的書都來自Joara，不過真正有獲利的還是出版社，網站能分到的並不多。等到韓國租書店從三萬多家銳減到只剩一千家左右，實體出版市場利潤大幅度滑落，Joara也感受到網站面臨轉型的壓力（金珍玲，2012.02.02）。

為了突破營收困境，2007年Joara以資本額一億韓圜，開始推動付費閱讀制度，並自許成為一個讓作者們可以自由實現創作夢想的園地。付費閱讀制度最大的挑戰，是如何讓原本習慣免費閱讀小說的粉絲讀者們甘願掏錢出來訂閱，改變讀者習慣，成為Joara經營能否成功的關鍵（崔惠圭，2011.12.27)。2008年Joara正式推出付費閱讀服務Noblesse，為了減輕讀者負擔，Joara讓讀者可以自行選擇要按日、按週或月來付費，網站的營收有40%歸作者，這套設計

可以說是韓國線上內容企業中，定額付費制度的創始者。

　　2011年，Joara開始和作者簽訂版權契約，直接在自己的網站上發行電子書，結束了與大型網路書店、電信公司的合作關係。剛剛切入這塊領域的第一個月，Joara的作品就擠進韓國大眾文學類暢銷書排行榜的前十名。2010年6月，Joara推出ios與android的App，方便讀者在行動裝置上即時閱讀小說。2011年Joara的銷售金額已超過十二億韓圜，同年4月Joara的付費制度首次達成收支平衡。Joara認為，行動時代的用戶對電子書需求量大增，是網路小說市場前景展望樂觀的最主要原因（同前註）。

　　2012年，Joara在韓國網路文學領域的同類網站中排名第一，平均一天網路訪問流量可達四十萬，作者人數達到十三萬人，作品數量有二十六萬部，平均每月有三萬名付費讀者閱讀三千多部小說，月薪達五百萬韓圜的作者有一名、三百萬有二名、一百萬有十名。因為旗下作者人數眾多，Joara還必須在首爾、釜山、光州三個城市分別舉辦作者座談會，這股潮流也吸引許多實體書作者響應投入，甚至連大型門戶網站都開始成立自己的網路小說網站（金珍玲，2012.02.02）。Joara表示，他們非常歡迎大型企業一同參與網路出版事業，並期待網路小說能見度越來越高。2014年8月，Joara營收達到約四十四億韓圜，公司職員有三十一名，會員人數達到九十萬人（李京敏，2014.09.29），讀者可以透過電腦與各類行動裝置，隨時隨地輕鬆閱讀奇幻、愛情、同性愛情（BL）、武俠、歷史等小說。除了書籍出版外，Joara也跨入遊戲開發、電影劇本開

發、影像製作等領域。

　　Joara最具代表性的作者是廷銀闕（정은궐），廷銀闕擅長以架空歷史的方式，重新詮愛情故事（朴仁星，2012：111）。2004年她以《她的相親報告》出道，2005年發表《擁抱太陽的月亮》，描寫喪失記憶成為巫女的世子嬪和年輕王世子之間愛情故事的架空古裝劇。2007年發表《成均館羅曼史》，描述朝鮮正祖年間，家道中落的金允熙女扮男裝，假冒病弱的弟弟應考，圖謀小官，不料卻陰錯陽差得到皇上賞識，被欽點進入最高學府成均館的故事[8]。

　　《成均館羅曼史》出版不久就登上韓國Interpark（인터파크）、教保文庫（교보문고）、Yes24、Aladin（알라딘）等書店的暢銷排行榜第一名，被讀者票選為年度最有趣的小說。2009年，長踞暢銷榜兩年的《成均館羅曼史》受到戲劇製作人注意，翻拍成電視劇《成均館緋聞》。《成均館羅曼史》還授權到日本、中國、泰國、越南、臺灣、印尼等國翻譯出版。2012年廷銀闕的《擁抱太陽的月亮》也被改編成電視劇，從2012年1月4日起在韓國MBC的水木迷你連續劇播出，電視劇由《聚光燈》、《Royal Family》導演金度勳和《階伯》、《快樂我的家》導演李成俊執導，《京城醜聞》的陳秀婉作者執筆，以超過40%的高收視率被韓國媒體譽為「國民電視劇」。之後在劇情沒有太大更動下，被搬上音樂舞臺劇

8　金允熙先後與左相之子、朝鮮第一美男李先峻，富二代花花公子具龍河，以及大司憲之子，狂放不羈的文在新成為同窗好友，她自己也化身名冠漢城的貴公子。故事以這四人為中心，加上政治派閥紛爭與家族利益矛盾糾結展開。

演出，還在2013年韓國音樂舞臺劇獎中獲得九項提名（尹智瑗，2014.02.05）。

二、Munpia

Munpia的前身是2002年9月創立的武俠專門網站「Go！武林」。2002年11月，「Go！武林」舉辦了韓國國內第一屆「Go！武林 新春武林徵文比賽」，2004年9月，網站名稱更改為「Go！武林fantasy」，一直到2006年8月才更名為Munpia[9]。

2013年8月開始，Munpia轉型為付費網站，每月銷售金額可達三億韓圜。次年1月，Munpia開發手機App程式供消費者下載，讓行動裝置的閱讀更加方便，2014年3月以後，讀者以每月20%的速度成長（張常容，2014.08.01）。Munpia的成功與出版市場進入長期低迷的寒冬有關，以前小說新書單行本一刷都有一萬本，如今新書一刷居然只有一千本的水準，只靠稿費跟版稅收入維生的職業作家日子很難過。Munpia透過付費機制，把一本單行本拆開，變成二十五回分售，每回以一百韓圜（約臺幣三元）的訂價賣給讀者來減輕讀者負擔，這種訴求逐漸找回網路讀者，截至2014年7月，Munpia已是韓國國內大型的網路小說網站，擁有數十萬名會員，每日網站瀏覽量在三十萬人次以上，比起付費閱讀制度開始推行之

---

[9] 資料來自於Jobkorea，網址為http://www.jobkorea.co.kr/Recruit/Co_Read/C/munpiastar? em_Code=C1。

初，成長近四倍（同前註）。

　　Munpia對於作者展現了十足誠意，網站的定位之一，就是要幫網路小說作者成長並找尋出版的機會。與其他網路小說網站相比，Munpia給作者的稿費分成比例較高，因此作者收入也增加不少（李京敏，2014.07.12）。Munpia負責人金煥澈（김환철）表示，當初是看到出版市場中，出版社總是強勢的一方，作者總是弱者並遭受不平對待，為了改變才抱持著要幫助作者的決心，設計分潤制度（李佳玲，2014.09.16）。在編輯上，Munpia的作者可自行決定那些內容要免費跟收費，「作者自主」這個理念從金煥澈創立網站就開始被奉行。金煥澈認為，網站雖然給作者許多提醒，但並不是「你要這樣修改才行」的硬性要求，而是為了讓作者在作品中更能展現自我風格，提高作品個性和人氣所做的建議。金煥澈認為如果只是編輯介入修改，那作品到最後到底會不會成功，仍難以預料，但是作者如果沒有建立自己的風格，寫作的生命會因此而縮短（同前註）。網站對於作者的關心，讓作品水準日益提高，用戶人數也不斷增加。

　　除了在內部營造良好寫作氣氛，Munpia也積極向外謀求各種合作機會，提高作品利用程度。例如Munpia就跟「每日經濟」（메일경제）[10]合作，讀者可以經由「每日經濟」進入Munpia，「每日經濟」的帳號也可以登錄Munpia閱讀小說。此外，Munpia也會在自己

---

[10]　메일경제為韓國主要新聞入口網站之一。

的平台中，挑選適合改編成遊戲的作品，與遊戲開發商合作共同研發經營。目前總共有五部小說被改編為網路遊戲。Munpia和Game Munpia兩個部門之間，就是以共生為目標彼此扶持，希望用戶在玩遊戲時，可以回來看小說，小說看一看再回去玩遊戲，而且在遊戲進行中會有機會獲得獎勵，獎勵可能是Munpia的代幣，用這代幣可以回到Munpia的付費連載中選擇想要看的小說。代幣的費用是由Munpia來負擔，透過此方式，除了幫助付費連載作者，讀者及玩家也都能受惠。另外，遊戲也會不定期舉辦活動，例如開伺服器時，只要透過Munpia帳號登錄就可以獲得遊戲道具或經驗值。

發掘文化內容產業中的故事，然後將素材提供給實體出版、電子書出版、電影、連續劇、遊戲、廣告、音樂劇、卡通動畫等業者使用，是Munpia積極推動的目標。金煥澈認為，網路小說轉成影視作品的潛力很高，以一部作品為中心，如果可以改編成電視劇、電影、遊戲等內容，對作者而言都是額外收入。Munpia的作品總數已超過一萬五千部，收入前五名的作者，每個月都可獲得一千萬韓圜以上的收入，高所得的作者主要是與Munpia簽訂獨家連載合約的作家，例如筆名「多元」的作家，其作品《Legend of legend》訂閱人數就超過五百九十五萬，月收入已破千萬韓圜以上；筆名minus的作者所寫的《重生》，以及筆名「珊瑚礁」所寫的《Doons Day》，月收入也有近千萬韓圜（李京敏，2014.07.12）。minus和珊瑚礁兩人雖然是新人，但仍爭取到高薪。不少因為沒有市場而被強迫退休的小說紛紛到Munpia尋找機會，因為在Munpia可以看見成功的希望。

整體來說，進入商業化時期後，韓國網路小說作者逐漸脫離前一個階段自由奔放與不拘一格的文字使用方式，也不再沈溺於過度誇張的表情符號及網路用語，而是展現洗鍊成熟的寫作風格，只是這些變化也漸漸讓網路小說與傳統類型小說趨同（李㤠媛，2006）。除了創作風格的轉變，小說類型也從青春搞笑的短篇系列，轉向穿越、虛構類的故事（朱琳琳，2008）。

第四節　行動平台時期

根據韓國Rankey的市占率調查[11]，2014年的韓國網路小說網站排名前三名者，分別是Naver[12]、Munpia、Joara。其中排名第一是Naver，而排名第十則是Bookpal，兩者都屬於網路小說的行動APP網路小說，也都是在2013年之後成立。

一、Naver

Naver網路小說（Naver Web Novel）[13]雖然成立時間較晚，但靠著背後母集團的強力奧援，在韓國網路小說網站市場的競爭中反

---

[11] 排名資料來自Rankey網站，網址為http://www.rankey.com/。
[12] 網址為http://novel.naver.com/webnovel/weekday.nhn。
[13] 2013年1開始，Naver公司的網路小說平台以web novel之稱，取代一般人習慣稱使用Internet novel或online novel的名稱。筆者認為，用詞改變的主要理由，應該是想要跟韓國振興學院將網路漫畫稱為Webtoon的用法一致化。

而後來居上。Naver本身就是韓國最大的網路搜尋公司，在全球網民最常用的搜尋引擎排行中，Naver排名世界第十五名，在韓國有超過二十五萬人選擇用Naver當作瀏覽器首頁，佔有韓國70%以上的網路搜索量（維基百科，2014）。2013年1月15日，Naver召開記者會正式宣佈推出「Naver網路小說」（權惠珍，2013.01.15），官網宣稱：「雖然我們大力推廣電子書，但和其他網路內容相比，電子書市場一直無法有效擴大，為了支持網路小說作者，挖掘新人作品、解決書量不足的問題，我們才開始推出Naver網路小說」（同前註）。

　　Naver網路小說網站主要分成「今日網路小說」、「Challenge League」（challenge league）、「Best League」三大區塊。「今日網路小說」是專供簽約作者發表作品的空間，此區小說以愛情、科幻&奇幻、武俠、推理為主。基本上，簽約作者的小說更新頻率是一星期兩次，至於要在星期幾更新可由作者自行決定（例如每週固定在星期一跟星期五更新）[14]。有些作者免費閱讀的連載回數跟付費閱讀的回數之間，差距有十回以上，也有不到五回者。Naver除了會根據作品字數支付稿費，讓作者們有穩定的收入以持續刊登文章之外，作者也可以從網路小說付費閱讀收入獲得分成。銷售收入從前一個月26日到本月25日為止，並在下個月5號寄送稅金計算單

---

[14] 這種設計的好處，是讓作者更新時間固定，讀者也可以在固定時間看到作品，節省彼此時間（權惠珍，2013.01.15）。另外，為了強化網路小說作品可讀性，網站也會刊登封面照片吸引讀者。

之後，在21日匯到作者帳戶。另外Naver也跟作者達成協議，「付費閱讀」的訂價，可以由作者自行決定，但同一小說每單章的租、購價格必須統一[15]（權惠珍，2013.01.15）。

要成為「今日網路小說」專區的作者，必需要通過網站的審查，才能成為正式簽約作者，未能通過審查的作者得先待在Best League跟Challenge League。這套晉級模式是模仿Naver網路漫畫平台的「漫畫挑戰」。「Naver漫畫挑戰」想刺激創作者們努力接受挑戰，Naver服務部部長說：「經由Naver網路漫畫已誕生數百名漫畫家，這次開啟Naver網路小說服務，就是希望未來有更多小說家們在此登臺」（權惠珍，2013.01.15）。

從Challenge League到Best League的升等審查一個月實施一次，每次會通過五篇以上的作品，但營運團隊會根據實際情況，調整審查次數及每次晉級人數。晉升Best League作者後，作者就可以繼續挑戰「今日網路小說」專區，如果作者一直在Challenge League未升等成功，Naver還有其他輔助管道，協助作者尋找網路書店或出版社發行單行本，目前合作的出版社包括Naver Books、Yes24、教保文庫、Ridibooks等[16]。根據Naver的資料，2013年共有六十一名正式作者和六萬兩千名業餘作者透過Naver網路小說發表

---

[15] 租閱供讀者擁暫時擁有閱讀權限，保留時間一回為一天；購買則是買斷，讀者可永久保存。

[16] Naver Books是Naver的APP書城，屬於手機書店。教保文庫是實體書店。Yes24跟Ridibook則是一般網路書店。

作品,該年Challenge League約有十一萬篇新作品上傳,每天約有一百五十名新進作者,三百篇新進作品(曹南旭,2014.01.15)。

　　Naver最出名的網路小說是euodiasa的《光海的戀人》。《光海的戀人》敘述一名十七歲韓國少女金景敏(音譯),意外遇上穿越時空來到現代的壬辰倭亂時期朝鮮太子光海君,經過一天時空旅行後,光海君又回到朝鮮時代。十年之後,換景敏穿越時空回到朝鮮時代與光海君重逢,兩人的愛情也開始改變歷史。euodiasa是「今日網路小說」的簽約作者,作品自2013年1月連載後,在十四個月連載期內,累積三千萬筆點擊,奪得Naver網路小說人氣王及付費閱讀銷售冠軍。這部作品在連載時,就同步發行實體書,到完結為止總共發行五集。《光海的戀人》除了與電視製作公司與電影公司簽訂合約協議,連化妝品產業也被吸引前來,Barobook室長李基洙表示:「許多電影或連續劇製作公司都想購買《光海的戀人》的版權,由於《光海的戀人》讀者年齡層中多數為二十歲女性,所以連化妝品公司都相當積極的提出合作邀約」(全智妍,2014.02.05)。

　　除了《光海的戀人》之外,《報仇的誕生》、《哈欠真美味》等Naver小說也陸續完成連續劇跟電影版權的簽約,這也印證網路小說雄厚的影視改編潛力。韓國電子出版協會總幹事張基榮表示:「類型小說以網路小說形態連載時,除了專業的作家,也讓一般人大舉進入作者階層之中,作者多元化之後,作品類型也更多樣化,成為電影或連續劇原著的機會也跟著增加」(全智妍,2014.02.05)。

為了讓每種類型小說都有充足數量，穩固自己的作者群也是網路小說平台重要的戰略之一，Naver在2014年舉辦了以愛情小說為主題的第二屆網路小說徵文比賽：「2014愛情野餐」，持續為穩定網路小說品質與來源而努力。在這些策略催生下，Naver網路小說的付費閱讀營收持續增加中，2013年12月每日平均點擊量比同年1月增加約378%，2013年下半季也比上半季賣出的金額，增加了約400%，2013年12月單月的銷售額，已經突破二億韓圜（曹南旭，2014.01.15）。

　　整體而言，Naver網路小說平台的市場效應逐漸浮現，首先，Naver讓網路小說讀者年齡層快速擴大。Naver公司解釋：「網路小說讀者的年齡層原來是以十幾歲的青少年為主，他們遠比一般小說的讀者群年輕，但智慧型手機普及後，二十歲到四十歲的讀者，正快速增加中」（李京敏，2014.3.8）。其次，Naver網路小說平台表示作者可以控制自己作品的影視、遊戲等開發權。由於網路小說作者對於作品被相中改編成其他作品有很大期待，考慮到日後網路小說故事未來改編成電影或遊戲著作的權益，Naver並未強迫作者簽訂壟斷性的合約，而是保留給作者自行決定，這種比較寬鬆的合作條件，反而吸引更多作者加入其平台（權惠珍，2013.01.15）。最後，Naver網路小說平台成為書市出版的風向球。許多韓國出版社正密切關注Challenge League新人輩出的效應，出版愛情小說超過十年的Bandibook出版社營運長金正熹營解釋：「許多出版愛情小說的出版社，最近會觀察的空間，不外乎是Challenge League的連

載文章，因為這裡可以先瞭解一般讀者的反應，等於未來出書的人氣指標。」換言之，這也吸引了更多人到Challenge League來刊登作品（林智善，2014.01.05）。

二、Bookpal

　　Bookpal網站在2014年的韓國網路小說網站排名雖然為第十，但本章特別挑選Bookpal加以介紹，是因為Bookpal大力推動以行動裝置為介面的閱讀市場，這也是未來網路小說的趨勢。

　　Bookpal從2009年開始營運時，就是專門針對手機使用者提供服務的一家公司，主要業務是電子書出版，後來踏入網路小說連載平台，並兼具網路書店功能。Bookpal的取名，意思就是創造一個以書會友的空間（Bookpal, 2014a），其經營者金洞碩相信，隨著速食文化盛行，人們在地鐵或休息的零星時間，藉由手機閱讀網路小說的人數將會遞增。過去網路漫畫市場的拓展，是以個人電腦加網路為基礎，從發展到穩定成長，至少花了三年的時間，網路小說則是直接以智慧型手機為主，相信發展時間會縮短很多（都楠璿，2014.08.01）。

　　Bookpal的網路小說平台有四類作品區，分別是「Best League」[17]、「網路小說League」、「Why not」、「S網路小說」。

---

[17] Bookpal的Best league跟Naver的Best league雖然名稱相同，但Bookpal的Best league等同於Naver的「今日網路小說」專區，是簽約作家的創作園地。

「Best League」是和Bookpal簽訂專屬契約者的創作專區，是Bookpal人氣作者跟作品的匯聚的主要版面；「網路小說League」則是提供所有人自由參與的創作專區；「Why not」的涵蓋面更廣，無論是詼諧的改編詩文還是五分鐘小說，任何讓人輕鬆快樂的幽默內容，都可以在此自由連載創作；「S網路小說」則是成人小說的創作區（Bookpal, 2014b）。

2013上半年，Bookpal的營業金額是1.8億韓圜，到了2014上半年，營業額就達到十億韓圜，是前一年的五倍，透過Bookpal下載的網路小說數總計有三千五百萬筆，其中付費閱讀有近七百萬筆。網站累積訪問者數達到二百六十萬人，比起去年同期也增加了23%，每月平均有四十三萬名訪客量。在每月的訪客中，基本收費轉換率為1.8%，這個數字與行動裝置的遊戲內容提供商收費轉換率平均為1%相比，已經算非常高，且隨著收費轉換率增高，銷售還在增加，顯見智慧型手機的網路小說市場逐漸被接受。Bookpal支付給作者的稿費，每個月都有增加（金炯碩，2014.09.18），2014年9月，支付給旗下一百二十三名簽約作者的稿費金額大約1.6億韓圜，從作者酬勞的分布來看，最低收入者約十萬韓圜，最高收入則可達二千三百九十萬韓圜（都楠璿，2014.08.01）。

Bookpal有自己的電子書APP，使用者可以在Google paly和App store下載，每週大約有五百本新連載小說上架（金炯碩，2014.09.18）。作者可以選擇是否讓Bookpal連載中的作品，同步

在Naver Books上發行[18]。當連載完結之後，經過編輯審查，也可以繼續發行實體書，從封面設計開始到出版的銷售，Bookpal都會給予協助，作品可在教保文庫、yes24等的網路或實體書店進行販售[19]（Bookpal, 2014b）。Bookpal為了提高作者水平，也常舉辦公開徵文比賽，得獎者可獲得書籍出版發行機會（韓承洲，2014.08.18）。因為對作者的熱情支持，有些作者也只在Bookpal獨家連載（金炯碩，2014.09.18）。

2013年對韓國網路小說產業來說有重要意義，除了Munpia啟動付費閱讀制度，還有Naver加入網路小說市場，對於因出版市場停滯而遭遇收入困境的文字創作者而言，新平台意味著新作品發表空間跟收入來源。新一代的韓國網路小說業者，幾乎都把重心放在行動平台，讀者可以從行動裝置閱讀小說，選擇某一章回或是整本電子書（1~N回），付費方式也相當多樣化，包括租或買，支付方式可使用網站代幣，也可以使用銀行信用卡直接扣款。

---

[18] 申請同步發行的作品，其基本長度要在二十回以上，若作品長度達到，就會在作者創作視窗中目錄的地方出現「申請Naver Books」鍵，按下後即可申請。Bookpal在針對原稿作品討進行論後，如果得到認可，就會告知作者接下來的相關事務（Bookpal, 2014b）。

[19] 一般都會建議先到Naver Books中發行連載後，日後再出版單行本時會比較有利。

第五節　結語

　　過去韓國文壇對文學新人的培養，一向有非常嚴格的登壇儀式，每年《朝鮮日報》、《中央日報》都會開闢「新春文藝」專欄，這是年輕作者進入主流文壇的重要管道，新人經過評論家和文學家評選後，方能等到主流文壇的初步認可，然後再慢慢發展。此外韓國文壇根據作品不同題材，不同篇幅設有許多文學獎項，在韓國文壇發展需要按部就班的晉升。儘管韓國出了許多暢銷的網路小說家，但韓國文學界並沒有把他們劃入主流文學圈，只是把這些小說當成輕鬆讀物而非嚴肅文學。韓國較有資歷的出版社雖然不喜歡出版此類圖書，但大部分的文學評論家和作家，對網路小說作者都是抱持觀望態度任其自由發展，鮮見對網路小說有過度讚揚或批評，所以網路一直是業餘作者的新天地（張彥武、勾伊娜，2005：57）。

　　在這樣的氛圍下，韓國網路小說成為業餘素人作家的發表園地，不論是作品或寫手，均有穩定成長。近年來韓國文創政策大力扶植網路漫畫的成長，網路漫畫反而比網路小說的成績更為亮眼，但大型網路公司如Naver仍認為網路小說潛力雄厚，且參與門檻低，比起漫畫更適合沒有經驗的素人創作者一同參與，此外，善於利用網路科技一向是南韓網路小說業者的強項，網路小說網站設有各種促進讀寫文化互動的機制，讓網路小說連載風氣透過平台生態

形成良性循環，加上企業資金投入取代政府扶植上的不足，使得網路寫手願意繼續投入市場創作，這也是韓國網路小說產業的特色。

第六章

中國大陸網路小說產業的政治化研究[*]

---

[*]　本章曾於2015年6月份發表在《復興崗學報》第106期。

第一節　網路小說的興起

　　中國大陸自1978年改革開放後，政治經濟情勢歷經了三次階段轉變，分別是改革開放至六四事件（1978年至1989）、鄧小平南巡演講後經濟發展時期（1989年至2001年）以及加入世界貿易組織進入全球經濟體系時期（2001年至今）（趙月枝，2011；錢理群，2013；朱嘉明，2013）。在這三階段的發展中，牽引中國傳媒、型塑傳媒角色的兩種主要力量，一是威權國家主義，它使傳媒必需臣服於黨跟行政體系的意志，使傳媒成為黨國喉舌工具；二是市場主義，它使傳媒受制於商業化市場行銷邏輯，受既得利益者的操控（蔡秀芬，2011）。雖然從鄧小平南巡演講後經濟發展時期開始，中國經濟逐步進入國際市場，甚至在2002年正式成為世界貿易組織的會員國，使私人資本家與外國人可投資大多數產業，但中國並未轉型成為完全市場體制下的經濟體，而是採取由國家指導的市場化及全球化經濟模式。在這樣的經濟模式下，中共對於傳媒的控制一直沒有放鬆，即便媒體商業化甚深，中共仍堅持傳媒是黨的「喉舌」（馮建三，2008）。

　　在此路線下，中共對於網路媒體一樣秉持兩手策略，一方面讓資本成為網路成長的動力，另一方面將網路媒體劃入管制範圍使其言論符合黨國利益（梁正清，2003）。對此，在法律面上，中共從1994年《中國人民共和國電腦資訊系統安全保護條例》的頒布

開始，陸續公布網路相關管理規定與辦法，如《電腦資訊網路國際連網管理暫行規定》（1997），《互聯網信息服務管理辦法》（2000）、《互聯網文化管理暫行規定》（2003）、《互聯網站禁止傳播淫穢、色情等不良信息自律規範》（2004）以及《互聯網文化管理暫行規定》（2011）等。在技術面上，中共透過「防火長城」（Great Firewall）與「金盾工程（Golden Shield Project）來限制大陸網民瀏覽被禁網站（張振興，2001）。在管理上，中共也設立了不同層級的網路管理機關，管理者分別來自公安、國家安全、新聞管理、通信管理、文化管理、廣播電影電視、出版等部門。在發展與管制並行的方向中，中國對於網路展開各種主動與被動的查緝與防堵行動，達到網路言論控管的目的（國安民，2006；梁正清，2003；蔡秀芬，2011）。

　　二十一世紀起，從中國本地興起的網路小說受惠於中國經濟成長而進入高速發展期。網路小說的創作者，大多是素人創作者，一般通稱為網路寫手，乃非正規的小說作家，所以作品跟嚴肅的黨國文學作品大異其趣，許多網路小說更因接地氣，內容聳動又有話題性，所以常在網路上吸引大批讀者，並屢屢成為中國影視與遊戲業者就近取材的源頭，被改編成電影、電視劇、網路遊戲、手機遊戲、動漫畫等內容，網路小說頓時成為帶動中國當代大眾文化繁榮的新生力軍。當網路小說的影響力逐漸擴張之際，中共也開始主動關注網路小說發展，由於中共一直在網路上實施廣泛的言論審查政策，包括過濾特定的關鍵詞和政治敏感的主題，以及封鎖被認為是

政治敏感的網路內容，所以政府要求網路小說也必須在守法的基礎上，製造積極向上、和諧文明的網路輿論。在中共擅長的兩手策略與網路言論管控的大方向中，網路小說的娛樂功能也在重新被界定。

在中國大陸網路小說的發展與管控過程中，本文提出兩個問題作為進一步分析的要點：

（一）在市場發展過程，網路小說的寫作文化有何明顯改變？

（二）中共透過那些方式來管控網路小說？管制下的網路小說言論產生什麼改變？

問題一是從歷史角度釐清中國大陸網路小說發展的整體變遷，以及為何網路小說出版引發中共管控；問題二則要分析中共透過哪些具體方式控制網路小說，以及管控下網路小說創作氛圍的轉變。

第二節　網路小說產業的發展

截至2015年為止，中國大陸的網路小說已經歷四個階段的發展，分別是「海外網路文學期」（1990年至1995年）、「網路文學萌發期」（1995年至2003年），「原創文學網站發展期」（2003年至2008年）、「全版權運營期」（2008年至今）（周志雄，2010；孫鵬，2013；馬季，2010；黃發有，2010）。

一、海外網路文學期

1990年到1995年是「海外網路文學期」，當時中國才剛嘗試引進網路技術不久，不僅網路線路尚未普及，網路連線速度也相當緩慢，只能提供一般電子郵件收發服務。1994年由北京大學組建的國家計算與網路設施（NCFC）完工，並透過美國Sprint電信公司的國際連網專線連結，至此中國大陸正式加入全球網際網路的行列，並以CN.的網路域名，成為全球網際網路的第71個成員（胡泳、范海燕，1997：363）。由於海外網路建設較早，因此在當時，參與網路文學發展者以中國大陸的海外留學生為主，尤其是留學美加的中國留學生趁著北美網路發展起步早的地利，就近在海外註冊了電子刊物如《華夏文摘》、《新語絲》、《橄欖樹》、《花招》，或者利用美國大學的網路新聞群組如ACT[1]，發行群組內流通的作品，抒發思鄉情懷與異國見聞。這些電子刊物跟新聞群組，就成為海外華人互通訊息、引薦西方人文風情，文學交流的管道（杜啟宏，2011；周志雄，2010；歐陽友權，2008）。

《華夏文摘》就當時第一份在美國創刊的華文網路電子週刊，刊物出版始於1991年4月15日，發行方式是透過電子郵件訂閱，以每週一期的頻率免費寄給訂閱者，創刊者為中國大陸留學生梁路

---

[1] 全名為alt.chinese.test。

平、朱若鵬、熊波、鄒孜野等。在創刊詞中，《華夏文摘》的任務是選取海內外各大中文雜誌的代表作品，再透過網路寄給讀者欣賞（錢建軍，1999）。1996年12月，《華夏文摘》達到刊物發展高峰，直接訂戶數達到15,151人，讀者來自48個國家和地區（歐陽文風，2014：98）。

ACT是第一個使用GB-HZ編碼的中文網路新聞群組，是1992年6月28日由美國印第安那大學中國留學生魏亞桂，請該校的網路系統管理員，在其Usenet上建立。ACT的成員幾乎都來自加拿大和美國，新聞群組在1993年至1994年之間相當成功，但1996年之後，因為經歷激烈的網路罵戰而由盛轉衰（梅紅等，2010）。

《新語絲》是第一份網路中文純文學刊物，1994年2月10日在美國加州註冊，同樣也是以郵件目錄的形式刊登詩歌和網路文學。《新語絲》電子雜誌則以月刊發行，以純文學為主要版塊，內容由責任編輯全權負責，《新語絲》的讀者不多但卻相當忠實。《橄欖樹》是1995年由詩陽、魯鳴創辦，為第一份網路中文詩專刊。《花招》則是1995年底，由幾位活躍於中文詩歌網的女性共同創辦的一份網路女性文學刊物刊（梅紅等，2010；閻偉華，2010）。

海外網路文學作者是最早的一群中國網路文學寫手，代表性作者有少君、圖雅、方舟子、馬蘭、祥子、曾曉文等，這些人以理工背景出身居多，文學才華不俗，寫作上以短篇雜感、詩歌、散文為主，小說較少。從網路文學的特性來說，這個時期的作品，跟爾後出現的網路文學作品標榜的特性有極大落差，例如作品並非以連載

方式進行，且少有作者讀者之間的互動，甚至部分作品並非原創，只是將實體出版品經過數位化，再傳到網路上讓人閱讀或下載。

二、網路文學萌發期

　　1995年至2003年是中國大陸的「網路文學萌發期」，由於海外網路文學活動在1995年之後，慢慢出現青黃不接的情況，網路文學活動開始轉入中國大陸。當時中國大陸的網路基礎建設正在陸續完成中[2]，網路服務提供者與網民人數迅速增加。網路文學的集中地，主要以專業型網路文學社區為主，其中又以BBS論壇（如水木清華）跟純文學型創作網站（如榕樹下）為代表。水木清華成立於1995年8月8日，是中國高校網路社群文化代表網站之一（龔蕾，2001）。截至2005年3月，「水木清華」BBS共有五百多個版面，總註冊人數達到三十萬人，最高同時上線人數為23,647人。2005年3月之後，因為中國教育部要求各大學BBS必須實施網路實名制，造成訪問人數大幅下滑，網路小說用戶轉向專業型網路文學社區聚集（歐陽文風，2014：113）。

　　榕樹下是1997年由朱威廉投資一百萬在上海成立，至今已歷經

---

[2]　1995年至1996年中國完成「中國科學技術網」（CSTNET）、「中國教育和科研計算機網」（CERNET）、「中國功用計算機互聯通信網」（CHINANET）、「中國金橋經濟資訊網」（CHINAGBN）四大骨幹基礎網路後（梁正清，2003）。

四個階段的演變。最早開始是所謂朱威廉時代的榕樹下，網站主打「千千萬萬人拿起筆來」，成功掀起網路寫作熱潮，尤其是從1999年11月11日開始，榕樹下連續三年舉辦「網路原創文學作品獎」，將興起中的網路文學推向第一個發展高峰（梅紅等，2010）。中國作家陳村推崇榕樹下對網路文學的貢獻（周志雄，2010：56-57）：

> 榕樹下的頒獎，最大的意義不在於究竟有哪些作品最後得獎，而是它象徵中國文學在網路的初次走台。這樣的走台是熱熱鬧鬧的，認真嚴肅的，平等開放的，是人們所期盼的。網路雖然年輕，能有這一天，是許多網站和更多的網友不計功利地勞作堆積的基礎，也是許多雖然沒有上網但關心網上原創文學的人們的努力所推動的。

　　2001年，榕樹下每日平均瀏覽量已達五百五十萬，註冊會員超過一百萬人，日均投稿量達五千篇，存稿逾六十五萬篇，是當時最具影響力的文學網站（陳小龍，2001）。不過以純文學網站型態經營的榕樹下，始終保留著傳統出版作法中，以編輯審查維護網路小說品質的運作方式（周志雄，2009）。2002年，朱威廉時代的榕樹下最終因缺乏實質獲利模式，被德國博德曼集團（Bertelsmann AG）收購，榕樹下因此進入了「博德曼時代」[3]。

---

[3] 第二階段是從2002到2006年的「博德曼時代」。總部位於德國的博德曼集團併購榕樹下後，對榕樹下網站進行改版，全面引入文學審查機制，不

在榕樹下舉辦原創文學比賽之前，網路上已有一批成名寫手，例如李尋歡、寧財神、邢育森、安妮寶貝、俞白眉[4]。他們在工作或學業之餘投入寫作自娛娛人，文字風格上多以反諷、調侃、戲謔為主，創作上並沒有明顯的功利性，有些人當初還是因為作品在網路上受到重視，才開始對網路小說產生興趣。隨後因原創文學比賽的舉行，在文學網站的催生之下，孕育了所謂「第二代網路寫手」，代表人物有今何在、江南、慕容雪村、何員外、可蕊、藍晶、老豬、陸幼青、穆子美、李臻、尚愛藍、十年砍柴、王小山、西門大官人、雲中君、中華楊、竹影青瞳等。第二代寫手受傳統文

　　過水土不服導致經營不善，最後2006年被博德曼以五百萬美元賣給歡樂傳播。第三階段從2006年到2009年的「歡樂傳媒時代」。歡樂傳媒收購榕樹下的主要原因，是想把榕樹下當成影視內容的基地，準備把文學作品大量影像化，成為中國國內網路媒體影像內容供應商，不過受到新興網站如晉江原創、起點中文網的衝擊，榕樹下退居幕後，結果不僅找不到新的營運點，反而被新興網站取代並超越。第四階段是2009年12月24日起的「盛大入股時代」（閆偉華，2010）。由於歡樂傳播的戰略定位失誤，榕樹下發展遲緩。盛大入股之後，「盛大榕樹下」重新發起了「第四屆原創文學大賽」，同時還舉辦了每週名家聚會及大型有獎徵文活動，邀請不少網路作者加盟，一系列舉動舉得讓榕樹下再次生機盎然（歐陽文風，2014：120）。

[4] 寧財神原名陳萬寧，1996年開始網路寫作，是天涯虛擬社區的早期網友，曾擔任過影視評論板板主，被譽為是中國第一代網路寫手的代表人物。邢育森是1997年在北京郵電大學就讀信息工程博士的開始上網寫作的，他曾在北郵BBS鴻雁傳情Love版擔任板主，網名為Lover，他在BBS上發表散文、詩、小說等，代表作品有《網上自有顏如玉》等。李尋歡本名路金波，是文學網站榕樹下經營者之一，1997年西北大學經濟系畢業後進入網路公司，是網路上數家著名的專欄作家。安妮寶貝1998年開始在網路上寫作和發表，以「告別薇安」為成名代表作品（周志雄，2010）。

學的影響較深，寫手本身文學素養較高，對文學創作也比較有敬畏心，他們的創作動機也較不具功利性，作品比較像發表在網路媒體的「傳統純文學」，而且當中有許多人在網路寫作走紅之前，已經是專業作家，網路只不過是成名途徑罷了（歐陽文風，2014：22）。

從前兩代網路寫手來看，他們的共通點是非功利性質的寫作，不期待網路寫作能帶來名利，只是沈浸在虛擬世界中，揮灑內心情緒，單純尋求情感宣洩，或在茫茫網路中尋求情感知音與共鳴。聶慶璞（2014：4）認為，從海外網路文學時期到中國大陸國內的這代寫手，寫作定位都是發揚民間文學「勞者歌其事、飢者歌其食」、「我手寫我心、我口唱我情」的精神，表現作者的內心世界。這種非功利性的特色，跟當時中國的文學出版生態有直接關係。以往中國的文學出版要不是被少數菁英（作家協會）所壟斷，就是被出版商嚴控，作家這種職業也是需要認證的，只有加入審核嚴格的作家協會，作者才具有作家身分，其職責是為黨國而寫作，受到作家協會的保守心態以及出版商的控制影響，傳統文學跟大陸年輕一代的讀者漸行漸遠。

當中國大陸出版書籍都要小心翼翼被編輯審查時，網路小說的出版等於是一個寬鬆的後門（C.S.-M., 2013.03.24），因為相對於中共對實體出版的管控，網路小說尚未有相對應的管理機制，為數眾多的文學網站也成為新一代大眾文學的搖籃。許多作家在網路上找到了寫作的理想，今何在曾說：「感謝網路，它使我有一個自由

的心境來寫我心中想寫的東西，它不完全是出於自己的一種表達慾望，如果我為了稿費或者發表而寫作，就不會有這樣的《悟空傳》。因為自由文字變得輕薄，因為自由寫作真正成為一種個人的表達而不是作家的權利」（禹建湘，2014：27）。慕容雪村也堅稱，儘管網路有嚴重的盜版問題存在，但自己並不擔心，因為「輕鬆自由的氛圍比版稅更重要」（C.S.-M., 2013.03.24)。

三、原創文學網站發展期

2003年開始，中國大陸的網路小說進入了「原創文學網站發展期」。此時大陸網路普及率接近世界平均水平，網民數量激增，原創文學網站大受歡迎，最具代表性者為「起點中文網」（以下簡稱「起點」）。「起點」的前身是2002年由網路小說愛好者自行成立的個人型網站，在創建VIP會員付費閱讀機制後，成功轉型為商業性網站。靠著付費閱讀，「起點」成功的在短時間內培養出大量作者，並一舉取代了榕樹下的地位，成為網路小說江湖的新霸主。「起點」模式吸引了其他文學網站如幻劍書盟、天鷹文學、翠微居的仿效（陳潔，2012）[5]。2004年「起點」被上海盛大網路公司收購後繼續高速成長，到2006年其每日瀏覽量超過一億，年利潤接近三千萬人民幣。2008年上半年，「起點」收錄的原創作品達到二十

---

[5] 在「起點」之前，讀寫網跟明揚・全球中文品書網，已先後展開付費閱讀的商業運轉，並獲得初步成功（禹建湘，2014：303）。

萬部，總字數達一百二十億字，擁有駐站作者十五萬人以上，而且每月還以八千人的數量持續增長，另外註冊用戶也有二千萬人，每日頁面瀏覽量為2.2億，流量排名居中國網站的前三十名（周志雄，2009）。

付費閱讀制度對原創文學生態產生巨大改變，因為它澈底了改變網路小說的寫作生態。新竄起的這批寫手，被稱為「第三代網路寫手」，較有名者如專寫歷史類的當年明月、月官、酒徒；專轉寫戰鬥類的金尋者、晴川、骷髏精靈、玄雨；專寫情感類的流瀲紫、桐華；專寫幻靈類的夢入神機、流浪的蛤蟆、辰東、樹下野狐、唐家三少、天下霸唱、跳舞、蕭鼎、血紅、煙雨江南；以及其他類的葉聽雨、更俗、靜官（聶慶璞，2014）。在創作上，第三代網路寫手的最大特色，就是脫離了「原創」、「非功利」、「自由表達」的文化命題，轉而熱烈擁抱「素材」、「產值化」、「經濟效益」的市場命題（謝奇任，2013）。簡單來說，就是寫手開始把寫作當成一種工作，既不視寫作為嚴肅的追求，也不將其視為遊戲之作，純粹就是為閱讀量、點擊量而創作。

原創文學網站讓網路寫手成為大陸社會的一種新興職業體，但無數懷抱著寫作致富的寫手進入網路小說行列後，卻也開始出現唯利是圖，毫無節制的抄襲模仿等失序現象，這也是當代大陸網路小說令人詬病的地方。

四、全版權運營期

　　2008年開始，網路小說在中國大陸進入「全版權運營期」，這時期最具代表性的網路小說平台是2008年7月成立的盛大文學團。盛大文學是盛大網路的子公司，盛大網路成立於1999年，其本業是線上遊戲平台經營與開發業（盛大網路，2013.01.05）。盛大網路集團旗下包括盛大文學、盛大遊戲、盛大線上，其中盛大文學負責管理文學網站事業。2012年盛大文學共有七家原創文學網站，包括起點中文網、晉江原創網、紅袖添香、榕樹下、小說閱讀網、言情小說吧、瀟湘書院，這七家文學網站截至2012年3月為止共有註冊用戶1.23億人（萬媛媛，2012.05）。其中仍以「起點」營收最高，2010年「起點」發表的網路小說已超過二十五萬部，總字數超過二百一十億字，每天保持三千五百萬字以上的更新，出版之實體小說達三千部。「起點」也擁有超過三十六萬名作者，註冊用戶超過三千萬人，其中付費會員超過六十萬人（禹建湘，2011：41）。

　　這一段時間躍出檯面的寫手稱為「第四代寫手」，代表人物有專寫幻靈類的蒼天白鶴、我吃西紅柿、打眼、方想、高樓大廈、柳下揮、七十二編、勝己、天蠶土豆、忘語，以及專寫情感類的天下歸元、寧蕊、烽火戲諸侯、黛咪咪、魚人二代、紫月君。第四代寫手基本上屬於類型化寫手，他們延續第三代寫手開拓出來的類型化

寫作格式，至此中國網路寫手也完成從心靈化寫手到類型化寫手的
轉換（聶慶璞，2014：2）。

第三節　網路小說產業的政治化

一、網路小說的掃黃打非

　　在法律上，網路小說一直要到2000年9月25日中國國務院頒布
《互聯網信息服務管理辦法》後，才開始有對應的管制法源。《互
聯網信息服務管理辦法》是中國首次為了規範中國網路資訊活動的
法規，其中，第一次提出了「互聯網出版」的概念，並明確了國務
院出版行政部門具有對全國網路出版單位資格審核，對網路出版活
動進行監管的職責（熊澄宇，2006）。在此之前，網路小說一度處
於監管的灰色地帶。

　　網路小說當初被納入「互聯網出版」的概念中，是因為網路小
說中的盜版侵權問題層出不窮，官方始終未能有效處理盜版侵權案
件[6]。侵權問題讓中國官方看到法律上給予網路小說創作的保護並
不健全，必須從修訂法律著手。不過即使沒有版權問題，隨著網
路小說的市場拓展跟社會影響力的提升，中共介入網路小說的監

---

[6]　起因為1999年6月15日，張抗抗等六名作家，透過律師代表向北京法院其體
　　訴訟，狀告世紀互聯通訊技術有限公司主辦的「北京在線」網站，未經許
　　可將其文學作品刊登在網站，侵害其權利（周志雄，2010：12）。

管也只是遲早問題。2002年6月27日，新聞出版總署和資訊產業部聯合發布了《互聯網出版管理暫行規定》（以下簡稱為《暫行規定》），該規定中指出，新聞出版總署可以「對互聯網出版內容實施監管，對違反國家出版法規的行為實施處罰。」《暫行規定》於2002年8月1日起正式施行，並且將網路小說出版納入互聯網出版中，對於網路小說出版，《暫行規定》引入了傳統文學的出版管理規定，凡是破壞民族團結、宣揚邪教迷信、宣揚淫穢賭博暴力，於合法圖書裡不能有的內容，互聯網上也不能有。《暫行規定》還明確要求互聯網出版機構實行編輯責任制度，必須有專門編輯人員對出版內容進行審查，編輯人員應當接受上崗培訓。

為了「修剪與清掃」網路小說在表面的自由狀態下，導致的「無政府狀態」[7]，2004年7月16日，專門管理中國出版物而成立的「全國掃黃打非工作小組辦公室」，發起「打擊淫穢色情網站專項行動」，而原創文學網站首次成為「掃黃打非」的對象。「掃黃打非」的重點有二，一是「打黃」，即打擊涉及淫穢色情內容，二是「掃非」，即掃除觸犯了嚴重政治問題的小說。「中國成人文學城」、「成人文學俱樂部」等網站被取締；天鷹網、讀寫網、翠微網因色情內容也被要求關閉整頓；起點中文網、幻劍書盟的大量作品被刪除或隱蔽，大批情色文學寫手就此消失（張英，2014.05.29）。2005年11月19日，由騰訊網讀書頻道發起的「網路

---

[7]　即內容涉及破壞民族團結、宣揚邪教迷信、宣揚淫穢賭博暴力者。

文學菁英會」之「掌門論劍」在北京大學政大國際會議中心舉行，十家原創文學網站代表在會議中共同簽署了〈中國網路文學陽光宣言〉，誓言共同抵制含有色情、暴力、反動等不良文學和低俗文學在網路的氾濫，堅決清除不良網路小說對青少年的污染，全力營造一個健康、向上，充滿陽光的網路小說成長新環境（張守剛，2005.11.21）。這個宣示代表網路小說淨化與規範運動的全面展開，也代表著在中國官方開始以要求傳統出版物的標準，審視網路小說的出版。

2007年4月新聞出版總署發布緊急通知，要求中國網站必須將《共和國2049》、《共和國之怒》、《共和國士兵》、《中國特工》、《新中華戰記》等十五部「有嚴重政治問題的網路長篇小說」自網站下架（張英，2014.05.29），這一波的網路小說清掃行動主要以「掃非」為主。從此開始，許多原創文學網站就直接取消「軍事小說」這個熱門類型，軍事小說也從文學網站的熱門排行逐漸退出。2007年8月14日，中國的新聞出版總署與「全國掃黃打非工作小組辦公室」聯合發出〈關於嚴厲查處網路淫穢色情小說的緊急通知〉，共同針對境內三百四十八家網站進行查處，陸續發布幾批被禁名單，其中可分為觸犯了政治嚴重問題與涉及淫穢色情內容的小說。因淫穢色情問題被禁的小說，主要是內容有大量色情場面描寫，甚至有涉及亂倫、強姦、暴力等常人不能接受的性行為，被認定有危害青少年身心健康與社會穩定的可能。因政治問題被禁的小說，則屬涉及黨與國家領導人的言論及歷史形象的改寫、國際政

治的敏感主題，其中隱含著強烈的軍國主義、民族主義思想，相關網站也受到了嚴厲處罰。在此行動中，中共要求各省掃黃打非應按照「誰主管、誰負責」的原則，責令轄區內有關網站必須刪除名單中的淫穢色情小說，並嚴禁任何網站登載、鏈結與傳播相關訊息（歐陽文風，2014）。

二、原創文學網站的自我監控

　　2010年12月8日，中央電視台的「消費主張」節目，批評盛大文學用低俗內容吸引讀者。該節目播出後，盛大文學立刻將節目提到的小說下架。盛大集團的董事長陳天橋更以緊急內部郵件提醒盛大文學的管理階層：「網路小說不同於網路遊戲，這個領域本身就包含著思想性和意識形態屬性，企業家必須有清醒的政治頭腦。包括必要時犧牲部分商業利益，服從國家的大局和長遠利益」（張英，2014.05.29）。

　　為了遠離政治風險，盛大文學聘請曾經擔任吉林省新聞出版局局長、中國出版集團副總裁的周洪立，出任盛大文學集團的首席版權官，負責協助盛大文學建立一套自我言論審查系統。盛大文學自願配合官方審查的心態相當明顯，因為行政部門一旦以政治力量行經濟制裁，盛大文學的經濟利益便會遭受更大損失（例如作品下架、網站關站等），而且公司所在的監管單位（如上海新聞出版局）更會主動介入監管。以此次事件為例，上海新聞出版局按照

《互聯網出版管理暫行規定》召開編輯培訓班，針對盛大旗下網站的總編輯、主編和骨幹編輯進行培訓，另外還成立審讀機構，設置專人對起點中文網進行清查和監控，以搜尋引擎對全站作品進行關鍵字搜查（同前註）。在「犧牲部分商業利益，服從國家的大局」的思維下，盛大文學乾脆主動建立一套四級審讀制度來過濾小說內容。第一級是設立敏感字字庫，該系統會主動對涉嫌色情、淫穢、低俗內容的作品自動隱蔽；第二級是設立兩級審讀制，由旗下各網站以人工審查方式進行初步審讀，網站則進行二次審讀；第三級是設立有獎舉報，邀請網友共同參與內容監督，對不當內容舉發；第四級是盛大文學成立學生評審團和專家評審團（同前註）。

自我審讀系統很明顯對網路寫手創作產生寒蟬效應，許多寫手開始在寫作過程中檢驗自己的作品是否出現國家所不喜的言論，如果詞語使用不恰當，為了避免麻煩也會主動刪除，甚至是在尚未動筆前便將該想法捨去，使許多創意被扼殺。雖然中國大陸網路小說書寫主題相當多元化，但實際上卻已經是受到了控制。即便有不少網路寫手在作品中表露出對政治管制的不滿，但這些言論都被限制於政府所能忍受的範圍之內，以避免內容觸及政府底線，損害自身經濟利益。至於一些較為敢言的政治類文章作家，已陸續轉向微博等社群媒體平台發表自己的文章（林敬棚，2012：82）。2012年之後，以現實題材為主題的「黑道」、「幫派」、「耽美」、「官場」類型小說，因為寫作內容常影射實際社會生活人物，而易惹麻煩，在投入的寫手人數逐漸減少之後，已經逐漸從文學網站的小說

分類中剔除，一般文學網站只集中經營政治風險性較低的娛樂性主題，如玄幻、仙俠、歷史小說（張英，2014.05.29）。

除了以法規懲戒違法網站與網站經營者，2014年12月18日中國國家新聞出版廣電總局更印發了《關於推動網路文學健康發展的指導意見》（以下簡稱《意見》）[8]。廣電總局在官網上宣稱，《意見》為了讓網路小說的創作導向更加健康、創作品質提升，將來發表網路小說作品的作者必須以實名註冊，網路小說的編輯人員也要持證上崗，官方還將加強網路小說編輯人員的職業道德教育和業務培訓（陳君碩，2015.01.09）。《意見》在網路上引發正反兩極的討論，批評者認為中共此舉想要製造恐慌，打擊敢於說真話的網路寫手，限制網路寫手的言論空間[9]。至於支持者則認為寫手本來就需要對自己的文字負責，實名制有助於遏阻網路小說的低俗歪風（慕小易，2015.01.10）。

---

[8] 《意見》的產生，是中國廣電總局為深入貫徹中共黨十八大和十八屆三中、四中全會部署，認真落實習近平總書記在文藝工作座談會上的重要講話精神，引導網路文學實踐社會主義核心的價值觀，推動網路文學健康有序發展而發佈（李蕾，2015.01.08）。

[9] 2014年10月，中共總書記習近平才在一場文藝座談活動中，稱讚素有愛國主義網路作家封號的周小平、花千芳兩人，引發許多聯想（陳君碩，2015.01.09）。

三、作家協會的監控

有鑑於網路寫手社會地位逐漸提高，並且被認可為一種新興職業體，作為官方代表的中國作家協會也有計畫吸納網路寫手入會，讓草根成為菁英（歐陽友權，2013），如此一來，除了法律手段外，吸納網路寫手並利用作家協會進行監督指導，也可以從根本上避免網路小說言論失控（林敬棚，2012；謝奇任，2013）。

早在2005年起，中國各級作協吸收了一批有影響力的網路作家如安妮寶貝、郭敬明、張悅然、蔣峰、李傻傻、當年明月、千里煙、笑看雲起、晴川、月關等，引起中國文壇的重視（歐陽文風，2014：42）。2008年6月21日，起點作家峰會在上海舉行，中國作協副主席張抗抗表示，歷經多年的對立與融合，網路小說近年來已得到主流文壇的關注（夏琦，2008.07.24）。2009年7月15日，素由「作家搖籃」之稱的北京魯迅文學院，舉辦了「網路作家培訓班」，經過中國作協黨組審批，魯迅文學院與盛大文學的層層遴選，最終選出唐家三少、任怨、秋遠航、張小花等二十九名網路寫手，作為魯迅文學院「網路文學作家培訓班」的第一批學員，並由成名作家跟評論家一起教授文學創作潮流等課程，讓學員能掌握文學創作的基本理論（歐陽文風，2014：181）。2011年11月25日，中國作家協會公布的第八屆中國作協全國委員會委員名單，起點中文網簽約的白金作家唐家三少、當年明月，與余華、劉震雲、

陳忠實、賈平凹、莫言、二月河等一百多名，一起入選全國委員會委員，成為第一批進入中國作家圈的最高權力機構的網路作家代表（范榮靖，2013）。2013年6月，中國作家協會對外公布了2013年發展委員名單，有十六名網路寫手入圍，包括以《後宮甄嬛傳》成名的吳雪嵐（流瀲紫），以及以《步步驚心》成名的任海燕（桐華）等（魯豔紅，2013.06.21）。

　　作家協會除了收編成名寫手，也從學院體制建立著手，以系統化的培育網路寫手。2013年10月30日，在中國作家協會的指導下，「中文線上」聯合十多家知名原創文學網站在北京成立一個培養網路小說原創作者的公益性大學的「網文大學」，並由諾貝爾文學獎得主莫言擔任名譽校長。「網文大學」主要針對中國大陸的網路小說作者提供免費培訓，中國作家協會副主席陳崎嶸與國家新聞出版廣電總局數字出版司司長張毅君等，一起出席了「網文大學」的成立儀式（張杰，2013.10.31）。網路文學專業院校的創辦及專業學科的設立，宣告了發展近二十年的中國大陸網路小說，開始走上一條體制內、規範化的道路（毛文思，2014：19）。

第四節　結語

　　本文試圖回答市場發展過程中網路小說創作文化的改變，以及中共對網路小說的管控。分析後發現，中國網路小說重心從海外轉入中國國內之後，先從校園BBS與純文學社群出發，網路小說的第

一代與第二代網路寫手有著非功利化的寫作性格。但歷經商業發展之後，原創文學網站走向集中化與集團化的網路媒體道路，網路寫手也開始以商業利益為寫作驅動力，極力追求點擊率與創作字數，並迎合讀者口味，使網路小說出現腥羶色的問題。

隨著網路小說的擴張，中共開始將網路小說納入網路言論控管範圍，並以「掃黃打非」淨網行動，逼使原創文學網站自清，被點名的盛大文學為了自保，更建立一套嚴密的自我審讀系統，加強過濾與遮蔽敏感字詞。中國官方作家協會也積極收編民間創作力量，一方面吸納知名網路寫手成為作家協會的委員，走向文壇主流豎立標竿，一方面透過教育體系，以正規課程訓練網路寫手熟悉寫作規範與掌握尺度。

在中共網路言論管控下，以娛樂內容為主的網路小說，為了避免遭到官方強制關站，影響其整體商業利益，很快學習到「犧牲部分利益，服從國家大局」的重要性。影響所及，原創文學網站會避免觸碰具有政治敏感性的題材，或者具有爭議性的內容，網路寫作也會在創作時過程中以自我審讀或主動接受審讀來遮蔽特定言論，受影響的網路寫手則紛紛謀求寫作轉型。整體而言，中共的網路言論管控對網路小說創作，在初期已經產生一定程度的嚇阻作用與監控效應，但管控範圍顯然不僅於此，透過網路小說作者的實名化、作品登記識別、標識申領、存儲分類等管理規範建立，網路小說未來恐怕要擔負更多製造和諧文明輿論的角色。

第七章

中國大陸原創文學網站的
創作生產策略研究*

*　本章主要內容，曾於2013年12月份，發表在《中華傳播學刊》第24期。經
　作者新增第一節內容，並改寫前段內容與新增多張圖表後修定而成。

第一節　原創文學網站的平台生態

　　出版一直是經濟取向的，必須控制風險。傳統的出版市場特性是利潤不高，但消耗成本很大，因此出版社必須謹慎投資。在商業機制上，傳統出版產業建構的價值鏈是單向、直線式的，一位作者醞釀自己的作品之後，透過經紀人將作品遞交給出版社，出版社在諸多投稿中，篩選出他們認為能獲市場青睞的作品，然後經過編修、封面設計等加工過程後，送到印刷廠印製成書，接著再由經銷商將書本運往各地的零售書店、超商等據點被讀者購買。因此傳統文學作品須歷經一連串產製「階段」才能完成，包括創作階段（構想、執行、編輯）、再製階段（印刷、包裝）、流通階段（行銷、宣傳、通路及批發）、零售／展示階段（Ryan, 1992）。

　　在傳統出版流程中，從作者到編輯、編輯到出版社、出版社到發行經銷、發行經銷到讀者的這種單向、直線式的配置，產業鏈的前一個環節，都為了討好下一個環節而努力，最終一本書的零售價格，就在各環節的成本與利潤加諸下形成（陳威如，余卓軒，2013b：36）。傳統出版企業的優勢，是匯集龐大作者資源、出版資源、專業編輯、出版媒體、出版品牌等，從出版商到書商，從製作人到發行人，構成了一個整體且靈活的銷售網路，尤其在作者部分，可以透過招募與培訓，凝聚大量的菁英作者群；在內容生產上，可以透過一群專業的編輯團隊，對內容品質把關並進行價值

引導；在讀者部分，則可以利用優質內容進行品牌影響（請見圖一）。

　　但出版市場其實一直面臨高不確定性的挑戰，市場挑戰很大程度來自如何找到大眾喜愛的作者？對此，出版公司的編輯經過層層遴選，決定什麼樣的故事、什麼樣的主題可以被市場接受，再依此將資源投注在少數菁英作者，因為已成名者，往往是市場保證，一名作者要被出版社認可最快的方式，就是獲得名氣的加持，而獲得名氣最快的方式，是參加文學獎的競賽。

　　只是長久以來，亞洲文學領域被視為是菁英才能參與的聖地，要被文壇認可，幾乎都要經過各大文學獎的認證，獲得各方

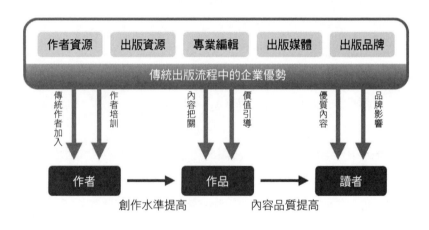

圖一　傳統出版流程中的企業優勢

資料來源：周百義、胡娟（2013），頁24。

掌門（如副刊主編、出版社主編）的青睞，才能正名（莊琬華，
2003.04.29）。掌握文學創作發表管道的文學獎項舉辦者如報紙副
刊、文學雜誌、文學出版社等，在這個競爭名氣的過程裡，其媒體
編輯、評審主導了書寫文化，重視一定程度的文學性或專業性，自
然的讓作家形成一個社群，互通聲息相濡以沫，維持了他們想要
的文學傳統，確保選出高品質的作品。出版社掌握文學的出書，
作品必須經由出版社審核才能面世，這種流程是歷時的，決策是由
上而下的，傳統出版社與編輯負責考量當時的社會規範與價值，以
及社會議題的急迫性，再決定何者適合出版，何者應優先出版，書
籍出版受到「編輯守門」這種社會分工規範制約。換言之，出版
社與編輯加上文學菁英，就成為出版界的集體守門人（陳徵蔚，
2012）。

當出版市場以獲利為主要目標、以市場需求為導向、以適者生
存的優勝劣敗法則為手段，進而實現資源配置時，追求效率最大化
的商業文學出版無可避免帶來以下三個問題。

其一，未被出版社主觀選出的作者，很難得到支持。在書寫環
境中，大報編輯主導書寫文化，名家出版社掌控出書機會，無名作
者要邁向作家之路肯定艱難。出版社在進行書籍出版前會事先評估
書籍的商業價值，若非作者知名度高或極具創意與深度的書籍，
很難受到出版社的青睞，許多不知名作者常在投稿初期就被出版社
婉拒。陳徵蔚（2012：133）直言：「過去編輯審查制度獨大的時
代，許多擁有潛力卻不符合主流閱讀品味與市場的作者經常被埋

沒。傳統的出版制度是『排他性』的，整體創作品質當然會因為編審而提高，但是卻也形成了霸權，而令少數、邊緣的聲音被『銷聲』。」

其二，寫作已經不再是作者一個人的事情，能夠單純只靠創作者的心路歷程、想像與感受來當成創作主體，他還必須考量到市場接受程度、市場行銷等因素。所以作家容易被定型，題材也比較容易重複。

其三，讀者也別無選擇，只能接觸到有限的作品。有出版社的守門，好處是作品品質較可靠，壞處是整體流程耗時費力，但出版社編輯也有可能會不小心擋掉一些可能產生衝擊力的新作品。這種由少數人主觀判斷的結果，當然不一定就能反映出市場的真正需求。我們甚至可以說，這種由少數人決定的方式甚至成為一種市場瓶頸，如果作者對於作品品味的要求，與讀者所需求閱讀的內容，有很大的落差時，就會造成內容供給與需求的失衡。

在網路小說的出版運作機制中，原創文學網站則是省略傳統出版流程中編輯審查、再製、流通、零售／展示等階段，讓作品在創作之後就直接展示，並透過網路社群訴諸讀者。作者不需要透過編輯的評定，憑藉與讀者的關係就可以建立一套價值標準（陳伯軒，2001.06.10）。在沒有編輯審查制度下，守門員角色一部分由網路寫手自行接管，在創作時審度內容、衡量小說中處理的議題，並且發表；另一方面，讀者在閱讀網路小說時，也會執行某些傳統編輯的角色，例如提供作者創作意見，同時也會預測故

事走向，向作者催稿形成輿論壓力，協助校對等事務（陳徵蔚，2012）。

> 以往藉由編輯「專業」的判斷來取捨是否能出版，改由網路上受歡迎的程度，透過點閱率、透過引起討論來決定，那編輯的存在與重要性絕對被壓縮。「以前編輯根本沒有機會測試市場反應，現在網路已經先做市場篩選了，網友喜歡的，實體世界也會接受。」如果成功了，代表不需要編輯的篩選，網路上的大眾，自然會幫出版社篩選；失敗了，或許可以說是閱讀習慣、或消費能力的差異所導致。如果大眾的閱讀習慣已經轉移，那整個出版事業體系勢將不保。（李金鶯，2004）

讀者評價成為作品重要的評斷依據，受到讀者歡迎的作品，自然會出線。作者必須先在網路上通過讀者篩選，才有商業化可能（即受到出版平台青睞）。換言之，在網路小說商業化過程中，讀者的選擇特別重要，書尚未出版，但作者已經在進行網路小說的行銷工作。陳威如、徐卓軒（2013b）便認為，原創文學網站實行的是一種出版流程中的直接民主制度，熱中寫作的人，透過網路虛擬平台直接發表各式各樣的故事，讀者則快速根據自己興趣選擇故事來閱讀，原本傳統出版業產業鏈最遠的兩端的作者群與讀者群，在一開始就能直接接觸對方（請見圖二）。

圖二　原創文學網站的出版平台

資料來源：陳威如、余卓軒（2013b），頁37。

　　在這個過程中，原創文學網站作為平台，其任務是創造一個開放性和包容性兼具的空間，提供大眾閱讀或參與文章創作，大型原創文學網站中，通常集結龐大讀者社群，常見的情況是，這些網路小說作者貼出新章節，短短幾分鐘內，就會引發熱烈的討論。原創文學網站利用網路讀者的篩選，就能善用群眾力量，開闢出一條與既有的出版法則不一樣的道路，因為當讀者回饋的規模夠大、品質夠好時，接收讀者回饋的滿足感甚至能夠超越作者只想出版作品的慾望。

　　以下本文將以中國大陸的以起點中文網為例，分析原創文學網站所開闢的網路即時寫作平台，在小說創作生產時導入的三種策略：按字計酬策略、作品類型化策略，以及作品排行榜策略的內涵，並以文化產業研究觀點評估這些策略對中國大陸網路小說的創作品質，所產生的影響。

第二節　起點中文網的創作生產策略

一、按字計酬策略

原創文學網站的主要魅力來自於作品，起點中文網對於原創作品的收錄，在內容、篇幅、品質和題材上有基本的要求條件，在「起點」的「作者專區」中，對於質量要求的說明為：「作品應該有自己的特色，故事要通順流暢；要準確規範使用文字和標點，不能錯字太多；排版要好，以方便原創書庫的收錄。書名與章節名應與作品內容相符，不具有文學性、故意誇大其詞的廣告性、政治性以及惡搞性作品名將拒絕收錄。」

要有吸引人的作品，首先要有一群富創作力的網路寫手，寫手人數越多作品就越多，網站才能有源源不斷的新鮮小說提供給讀者體驗跟訂閱。而且網路小說產製階段因為精簡許多，作品的構想、執行與編輯，往往都是寫手自行決定，文學網站儘量不干涉，所以只要寫手自己努力，就能快速累積創作成果。

為了創造一個讓作者願意持續寫作的平台，「起點」決定以稿費來吸引寫手創作，結果就是VIP會員制的實施。VIP會員制是「起點」對於線上付費閱讀制度的通稱，它代表中國網路小說的閱讀，從免費時代走入付費時代的一個里程碑。「起點」將每篇網路小說的內容分為免付費公眾章節與付費VIP章節，公眾章節開放給

所有讀者免費閱讀，而VIP章節只有付費讀者才有權限閱讀。

　　要成為付費讀者必需先申請成為網站會員，並使用起點幣進行交易，人民幣與起點幣的兌換比例是1比100。當讀者的帳戶儲值額度達到五十元人民幣（五千起點幣）以上時，就能申請成為初級VIP會員。初級VIP會員可以用每千字三分錢的價格，閱讀「起點」的VIP文章。若會員的消費額度在前十二個月內累計達到三千六百五十元人民幣時（包括訂閱VIP章節，給作者打賞，投更新票、評價票的消費），系統就會將會員升等為高級VIP會員。高級VIP會員就能用每千字二分錢的價格，閱讀「起點」的VIP作品。付費讀者除了可以提前閱讀「起點」獨家簽約的作品，還可以行使年度VIP獎勵與投票活動（起點中文網，2013.01.01）。

　　在VIP制度下，若VIP會員花三分錢看一千字的付費章節時，作者可以分得一分錢的稿費。若一個章節有三千字，共有一百人訂閱，那作者分到的稿費就是三元人民幣（0.01×3×100=3）。為了賺取稿費，寫手首先必須努力讓作品上架成為VIP作品。對此，「起點」設有一套篩選的流程，在公眾作品連載一段時間後，寫手可以採用自我推薦的方式，參加網站內部首輪推薦，部分作品可藉此脫穎而出進入人氣排行，之後這些公眾作品會再經過第二輪評選，寫手必須在評選過程中想辦法讓小說累積到足夠人氣，例如作品的收藏量若達五千以上，網站就會考慮讓作品上架成為VIP作品（曾繁亭，2011：50）。

　　除了基本的稿費之外，「起點」也採取類似於工廠提升員工績效的作法，設立各種福利跟獎勵制度（請見附錄），以提升寫手的

效能（老獨，2008）。這些福利跟獎勵包括了「文以載道」、「開拓保障」、「雛鷹展翅」、「買斷」、「新書月票獎」、「老書月票獎」、「分類月票獎」、「全年月票獎」、「創作全勤獎」（為了有效提升作家寫作穩定性，使勤奮更新等同於收益的提升）、「完本獎勵」（為了鼓勵寫手提高完本率）、「保障年薪」、「發放獎金和年金」、「福利道具」等。另外為了鼓勵寫手將版權經紀授權給「起點」，「起點」也會按簽約級別作為稿酬資助標準，VIP訂閱費部分歸網站、部分歸寫手；獲得經紀約的作品，日後還有機會出版實體書，藉此提高寫手簽約授權給網站的動機。「起點」將寫手區分成三類，第一種是公眾作者，第二種是簽約作者，第三種是白金作者。通常白金作者可以跟網站談分潤協議，從訂閱中獲得更多的稿酬（請見圖三）。

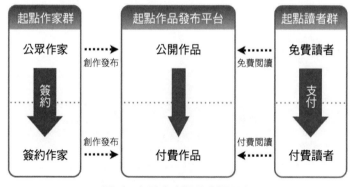

圖三　起點中文網的出版平台

資料來源：修改自邊瑤（2010.07.26）。

二、作品類型化策略

對於風險高的文化產業，經營者通常會將文化產品「類型化」，以降低生產出失敗作品的機率（Ryan, 1992），同樣的策略也見於文學網站。起點將網路小說分為奇幻玄幻、武俠仙俠、都市職業、歷史軍事、遊戲競技、科幻靈異、同人小說等幾大類，其中又以奇幻玄幻小說為「起點」的招牌，其他原創文學網站也成立了大同小異的類型作品區塊（請見表十一）。「起點」將數以萬計的作品進行分類之後，網站即成為一個開放的媒介平台，這種設置對讀者、寫手跟網站本身，各自發揮不同的功能。

表十一　中國大陸原創文學網站的作品類型劃分

網站名稱	作品類型
起點中文網	玄幻奇幻、武俠仙俠、都市職業、歷史軍事、遊戲競技、科幻靈異、同人
起點女生網	古代言情、仙俠奇緣、現代言情、浪漫青春、玄幻言情、懸疑靈異、科幻空間、遊戲競技
小說閱讀網	男生版：武俠仙俠、都市小說、奇幻玄幻、網遊競技、歷史軍事、靈異推理科幻
	女生版：總裁豪門、穿越架空、古代言情、仙俠魔幻、都市青春
	校園版：青春校園、魔幻傳奇、素錦年華、同人小說
紅袖添香	言情小說站：穿越時空、總裁豪門、古典架空、妖精幻情、青春校園、都市情感、白領職場、女尊王朝、玄幻仙俠
	幻俠小說站：玄幻奇幻、都市情感、武俠仙俠、科幻小說、網遊小說、驚悚小說、懸疑小說、歷史小說、軍事小說
榕樹下	都市、青春、懸疑、驚悚、言情、幻想、軍事、歷史

資料來源：作者從各原創文學網站自行整理，資料以2015年7月所公告為準。

對讀者來說，類型化的設置可以節省找書的時間。由於網路小說作品數量很多，茫茫書海中必須要有一套節省讀者找書的方式，類型可以讓所有讀者都能夠迅速找到他們感到興趣的故事，讀者在可以選取自己喜歡的內容滿足閱讀需求。

對於文學網站來說，類型不只是將作品分類的功能，更重要是告知讀者經由這項產品可以獲得哪種滿足。類型也可以幫助網站將讀者分群，喜歡某類作品的讀者自然就形成了群體，他們可以互相交流、互相啟發、增加自信、增強對作品的理解（聶慶樸，2011），網站也可以趁機推銷讀者尚未接觸過的同類作品。此外，類型化還有利於推銷後續作品的版權交易，因為特定類型的網路小說，其題材在改編成某些不同型態的娛樂內容時，適應性顯得特別高，很容易可以對應不同市場的需求。例如奇幻、玄幻與遊戲類小說，特別適合改作成線上遊戲；而都市言情、青春和古裝宮廷的歷史類作品，則特別適合改編成電視劇。

對於作者而言，類型的功能更加深刻。Hesmondhalgh（2007／引自廖珮君，2009：85）認為：「類型其實是產製面的限制，讓創意及想像可以在某特定界線馳騁，並增進閱聽人及創作者的相互瞭解。」McQuail（2005／引自陳芸芸、劉慧雯譯，2011：404）則認為，類型的作用在於：

> 我們可以視文類為一股特殊動力，它有助於大眾媒介的生產，使其整齊劃一、具有效率，同時符合閱聽人的期望。

由於文類能裏助個別媒介使用者設定自身的選擇，因此也可視為文類的一種機制，使生產者和閱聽人的關係具有秩序。……文類可以依據消費目的建構出自己的觀眾，文類建構了欲求，也呈現這些欲求帶來的滿足。

以類型概念創作時，作者只要遵循這類小說的慣用的思路，就可以很快掌握故事情節，進而提高創作速度與文字量。作品類型化策略對於大部分網路寫手而言有很大程度的幫助，因為他們多半非文學本科出身，也沒有受過正規文學訓練或具備良好的文學底子，因此思維上很少帶著正統文學的寫作框架，經常以情緒化、隨意化與即興化的方式創作，但這批沒有寫作經驗的作者，卻可以藉由參考同類小說的寫作套路，很快可以從中找到靈感，因此作品類型化策略也成為大部分中國文學網站在創作生產上的特色之一。

整體來看，透過類型設置，可以讓文學網站達成供需平衡目標，此外，同邊網路效應也將得到提升，因為同類型作者會凝聚成一股力量，推動彼此成長，而讀者也能依此找到志趣相投的夥伴（請見圖四）。一旦冷門的題材有作者嘗試，並有讀者嘗試閱讀，冷門的類型作品就有可能變成熱門（陳威如、徐卓軒，2013：136）。上述機制除了達成供需平衡，還可提升作者群與讀者群對平台的使用黏性，所有類別的產品都將通過生態圈的雙邊連結，實現供需的配對，讓喜歡不同題材的讀者能夠跟撰寫不同題材的作者進行連接。

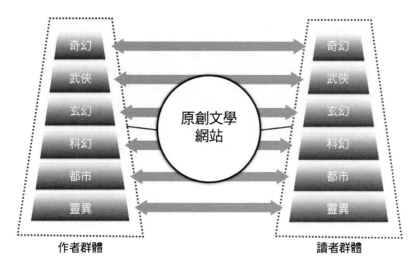

圖四　起點中文網的同邊網路效應

資料來源：陳威如、余卓軒（2013b），頁136。

三、作品排行策略

　　網站在網路經濟中能否存活，最根本的條件就是要有網路流量[1]，為了進一步吸引更多觀看，原創網站也開始從優化推薦機制與資訊介面著手，讓使用者能更容易找到所要觀看的內容，進而從中產生更大的互動與使用黏性。在這種思維之下，起點以大量的欄

---

[1]　「起點」作為網站經營者，重點之一是如何在網路經濟中創造網路流量，因為鞏固與提升流量，關係到網站的知名度跟人氣，以及網站能否存活，這是現實問題，只有持續提升用戶的「頁面訪問量」（page views），讓頁面訪問量不斷增加後，才能藉由網站外部性（network externalities）帶動網路效應。

目設置簡化資訊的呈現，欄目設置的本質是推薦文學產品的一種行銷手段，目的是希望能立刻吸引讀者目光（禹建湘，2011：50-53），而各種欄目中，又以排行榜的欄目最多也最吸睛。

排行榜的設置在大眾文化中相當普遍，「起點」在排行榜的頁面中，總共設置「小說排行榜」、「作者排行榜」、「社區排行榜」、「女生網小說排行榜」、「其他小說排行榜」五種排行榜。其中「小說排行榜」位於排行榜的最上層，其下分別又設置了二十種子排行，分別為「月票PK榜」、「熱評作品榜」、「會員點擊榜」、「書友推薦榜」、「書友收藏榜」、「總字數榜」、「VIP作品最近三日更新字數排行榜、收藏榜」、「評價票排行榜」、「簽約作者新書榜」、「公眾作者新書榜」、「新人作者新書榜」、「女生週點榜」、「女生週推榜」「女生月票榜」、「奇幻小說榜」、「武俠仙俠小說榜」、「都市青春小說榜」、「歷史軍事小說榜」、「遊戲競技小說榜」、「科幻靈幻小說榜」（請見圖五）。

胡文玲（1999）認為，對讀者而言，排行榜可幫助讀者選書；對作者而言，排行榜是重要的市場指標，可以辨認讀者的需求，並滿足他們的需要。一般來說，在排行榜的得分越高，就越有機會在榜單中的顯著位置曝光，增加被推薦與收藏的機會，並決定文章是否升等為VIP作品。對於寫手來說，爭取上榜就是宣傳自己的大好機會，這也是為什麼「起點」一直把自己定位成「華人文學的星光大道」，因為作者跟參加電視選秀節目的參賽者一樣，都要站在舞

原创文学风云榜		会员赞榜 周 月 总		会员点击榜 周 月 总	
本月VIP月票得票作品总排行		本周赞的比值排行		本周会员点击排行	
1. 我欲封天	3894	1. 隋末阴雄	15.98%	1. 雪鹰领主	110806
2. 武极天下	2397	2. 沧狼行	13.09%	2. 天庭清洁工	67098
3. 天域苍穹	1891	3. 重生之歌神	9.8%	3. 超级军工霸主	58938
4. 医统江山	1578	4. 钢铁雄心之舰男	6.58%	4. 东京绅士物语	42610
5. 星战风暴	1550	5. 末世收割者	5.29%	5. 诛天剑主	41133
6. 一世之尊	1463	6. 极品小农场	4.05%	6. 全职法师	39000
7. 天火大道	1444	7. 摄政大明	2.73%	7. 妖神记	37942
8. 天启之门	1403	8. 太上囊	2.57%	8. 执掌乾坤	36642
9. 黄金渔场	1369	9. 海岛农场主	2%	9. 我的苏联	36284
10. 超品相师	1286	10. 我意消遥	1.59%	10. 神权在握	34143
更新时间: 2015-07-02 18:05:03 更多>>		更新时间: 2015-07-02 18:05:03 更多>>		更新时间: 2015-07-02 18:05:03 更多>>	

圖五　起點中文網的小說排行榜

資料來源：起點中文網。

臺上賣力演出，再接受評審（讀者）給分來一較高下，在比賽過程中，不論作者或讀者都能持續感受緊張刺激的競爭氣氛。

「起點」的排行榜名次主要是靠讀者投票決定，由於網路小說都是以連載方式跟讀者見面，作者每天將部分章節發布到網站上，讀者就像等待連續劇播出，每天期待著下一段劇情的發展。文學網站評論區裡，經常可以看到讀者發表對某一篇文章的看法，表達對情節的期待，甚至指出小說在邏輯上的錯誤等；有些讀者還牛刀小試，主動替作者續寫，產生所謂的偽作。網路小說這種獨樂樂不如眾樂樂的討論文化，是其他出版業望塵莫及的，且無形中增長網路小說的閱讀風氣（蘇曉芳，2011：171）。

為了決定排行榜的名次，「起點」利用不同類型的排行（如熱

評、點擊，推薦、收藏等），讓讀者幫助網站評選作品，評選方式分為量化與質化兩種。

　　所謂量化評選就是用選票直接表達意見，透過讀者「點閱率」、「點擊率」等數值，讓「作品已通過消費者的考驗」的直接結果，具體化、透明化的展現給寫手群、讀者群及更大的出版市場。以票選制度為基礎的量化評量機制是廣為設置各類「榜單」公布，使讀者累積的人氣進行高效率的轉化。在「起點」提供付費讀者三種選票，分別為月票、更新票、評價票。月票的獲得方式為每月每消費一百起點幣即可獲得一張，其作用是讓付費讀者票選喜歡的作品，且只在當月有效，月票多寡直接影響作者的獎勵收入；更新票的作用在於付費讀者不滿意作者的更新速度時，可用更新票來催促作者更新，當作者隔天更新達到更新票的字數時，寫手可得到更新票的分成獎勵收益；評價票是付費讀者對作品給予的評價，讓其他讀者瞭解該作品的可閱讀情況，這也是督促寫手寫出更好作品的一種設計。

　　至於質化評選則是以讀者討論帶來口碑行銷。在BBS時代的網路小說，小說故事板就是靠讀者與讀者間的人際傳播才能廣為流傳。作者身兼撰稿、排版與行銷者，直接與讀者交流，而讀者就扮演著傳播大隊，將小說以口耳相傳、口碑行銷的方式傳了開來，比起實體傳播上所需花費的時間與金錢，確實大為縮短，但效率並不佳（陳秀貞，2005：58）。現在文學網站則利用作者書房、部落格、網路評價、意見分享，或其他任何形式的互動性網路論壇，分

享閱讀經驗。以「起點」為例，起點設有評吧、專題（讀者推薦的專題，每個專題有書目5部到20部不等，通過投票決定）、社區（類似於百度貼吧的討論分享區，需註冊才可以進入）、俱樂部（有主題的讀者討論區，可以發帖和俱樂部聊天）等區域，讀者可以選擇進入各種討論區中，對作品進行評論，熱評作品會受到網站的注意。至於質化評選的缺點，則是因為有時群眾智慧難以控制，所以相關討論區可以看到網友非理性的討論，很多發言的帖子有灌水與用語膚淺現象，甚至淪為個人的情緒宣洩和對於作者本人的人身攻擊。為了提升評論品質，「起點」設有獎賞制度，一千字以上的評論被稱為長評，優秀長評除了被放在網頁顯著位置刊登，還會被網站重點發布跟介紹，以滿足讀者的成就感，讀者也有機會獲得作者贈送的閱讀點數。

綜上所述，替作品排行是網站以排行榜來創造作者與作品知名度的一種策略，拜讀者參與之賜，網站讓讀者評選出暢銷作品並淘汰落後者後，就可以輕鬆獲得高人氣作品，並創造網路寫手的名氣。在閱讀過程中，讀者幫網站執行了守門功能。當人人皆可成為網路寫手，傳統文化產品預選系統已無法負荷，網路小說出版的決策型態，已不能再由少數人負荷扮演起守門角色，而是要由一套新的決策體系以應付大量且多樣化的創作。起點的方案，是引進讀者力量，善用群眾智慧，讓讀者某種程度扮演編輯者角色，藉由評論跟票選，篩選出暢銷人氣作品，並淘汰失敗之作，讀者在此過程中也是最佳的推銷員。

第三節 起點中文網創作生產策略
對網路小說文化的影響

一、極端化寫作

在VIP制度實施前，網路寫手多半有自己的經濟來源，並非大幅依賴文學網站所給的收入，創作動機也比較單純，作者在寫作上追求的是一種激勵與滿足，不是收入跟生計，網路空間最主要的是一個自由想像和讓本性解放的管道，讓他們可以將個人經歷和情感，或各行各業發生的真實事件發表在網路上，所以小說充滿平民化與生活化的敘事風格，富有自由與通俗的時代氣息。換言之，這是一種在「寫作中生存」的狀態（曾繁亭，2011：34）。

但VIP制度實施後，寫作跟付費制度緊密相連，對寫手的創作態度產生許多制約，因為公眾作者為了晉身成簽約作者，就會賣力的更新展現寫作實力，尤其連載作品之間存在著讀者的競爭，當大多數作品的內容與水準都差不多時，更新速度就成為寫手在競爭中能夠出人頭地的一個重要指標（同前引：54）。因此，「起點」多數寫手都把擴張小說字數、更新章節速度當成寫作的首要目標，於是進一種在「生存中寫作」的狀態（馬季，2009）。在這種狀態下，寫手的寫作勤奮度成為生存的關鍵，這也造就了所謂極端化的寫作方式，為了堅持更新目標的達成，許多寫手常以體力、勞力來

換取寫作成績，但長時間的疲勞寫作，對於網路寫手造成明顯的精神與體能壓力。2012年，紅袖添香文學網站簽約寫手「青鋆」因經常熬夜寫作，病情加重而去逝，年僅25歲（任翔，2012.04.06）。2013年起點中文網的簽約作者「十年落雪」，則是在文章更新後突然猝死於家中，年僅23歲（李夏至，2013.8.22）。此前，許多網路寫手在媒體受訪時已然提到：

> 如果你堅持不了每天一萬字，或者內容不吸引網友，那麼你就自動消失吧，一些頂尖的作者一年可以寫上500萬字，而100萬字是基本的入場標準，網路寫手西來說，他寫得最苦的時候，可以稱得上搏命——曾經一年沒有曬過幾天太陽，半個月只出門一次，有時候甚至一個月才出門採購一次生活必需品，整天閉門，有時候一天要寫兩三萬字，晚上經常寫到第二天淩晨。（蘇曉芳，2011：116）

> 「這創作一半是腦力活，一半是體力活」，唐家三少說。這種高強度的創作甚至影響到了他的健康，頸椎病、胸椎病等都已經找上門來。但作為簽約作家，他不能休息，必須保持著很高的連載更新速度。為了能堅持每天更新，他每天至少要坐在電腦前14個小時，那幾乎是除了吃飯睡覺外的全部時間。「每天晚上，當別人都在熟睡的時候，我卻經常因為腰背部的疼痛而驚醒。」（曾繁亭，2011：53）

另一種極端化寫作較為隱密，有些無法堅持每天更新的寫手，只好發展出另類的寫作方式，例如聘請槍手代寫作品，作者再提供分成或直接買斷槍手的作品（大眾網，2012.09.25），或者採取多人聯合寫作的方式，由一個團隊來經營一個作者ID，但實際寫作以分工方式完成。以「灰色烏托邦」為例，團員組織很鬆散，平時各自寫作，但寫新書時會就主題先討論，規劃劇情，分配各自寫作的章節，規定交稿時間。團隊中有些人有豐富的想像力，有些人則處理邏輯思維彌補劇情漏洞，另外有人負責潤飾文字，各司其職（林小兮，2010；肖笛，2011）。當然，這種作法顛覆了傳統文學對於寫手的認知，也衍生出許多新的問題，例如小說作者的真偽性、小說劇情前後不連貫、前後段文字風格的不統一、作品與作者關係疏離等。

　　在極端化寫作下，網路小說的篇幅相當驚人，字數動輒兩三百萬字，甚至有作品的長度高達上千萬字，這與過去作家追求的壓縮、精華、去蕪存菁原則正好相反。為了爭取高額稿費而一味的追求更新速度與文字產量的態度，網路作家常被譏為是打字工，一味把網路小說當成提款機（周志雄，2010：29）。寫作過程中，因為文字用語太過白話、生活化、不分時代的描寫、贅錯字多、形容浮濫、淺顯直白與深度不足等缺點大量浮現，也常引起讀者的不快，部分讀者會以棄訂、棄讀來表示不滿。在這種流水線式的狀態下寫作時，文學網站也被批評像是一座巨大的「文學工廠」[2]，而寫手

---

[2]　「文學工廠」一詞是20年代蘇聯無產階級文化派提出的，基本想法是：一、精神產品的生產也應該與工業、農業的生產一樣，由國家、政黨按照計畫，

就是在文學生產工廠中拼命趕工的工人（王小英、祝東，2010）。

　　只有極少數人有機會從金字塔的競爭結構脫穎而出到達頂尖，很多作者初期會採取兼差寫作的方式累積名氣，一旦寫作收入可以負擔生計後，才會從業餘兼職狀態轉為全職（禹建湘，2011：103）。17K文學網主編蘇小蘇粗略估計，各文學網站的寫手者中，90%是業餘，只有約10%為全職者（梅紅等，2010）。高居金字塔頂端的極少數作者（被暱稱為大神的白金級作者，如「起點」的唐家三少等），是數量最少一群，卻也得到文學網站最多宣傳資源照顧者，超過半數以上的起點白金作者都已成為全職作者。

二、公式化寫作

　　在大眾文化中，類型的使用經常可見，不管是讀者、寫手或網站，其實都已相當熟悉類型的存在。不過對於網路小說這種連載作品而言，因為寫手要拼命更新，作品又要達成一定字數，在這種高強度的生產壓力下，很多寫手開始模仿同類作品的寫作思路與情節模式，以確保作品有一定的訂閱水平。這種作法導致同類作品之間，不管是體裁、風格、語言、主題與人物，都被當作若干元素進行分解和排列組合，結果作品題材雷同與劇情老套處處可見（張

有步驟的實施並加以組織。二、建立「文學工廠」，即組織一種專門機構，把一些作家，特別工農出身的作家，集中到「文學工廠」裡來，按照國家的需要來，以「製造」、「加工」的方式生產文學（洪子誠，2002：91）。

露，2012），連帶類型也出現僵化、同質化、單一化的問題，很多作品語言和情節設置讓人哭笑不得、難以閱讀。此外，題材互相滲透，形成了明顯的互文現象（如修真與仙俠）。許多研究者在分析網路小說時，對類型作品公式化的現象深有感受：

> 同類作品幾乎每天都有新作上架，導致同一類別的小說中，情節雷同的俯拾即是，很多網路寫手會因為某類題材受歡迎就大量模仿，純粹為了迎合當下讀者的興趣，導致某類題材大量氾濫，讓讀者感到審美疲勞，發出找不到優秀小說的感慨，繁榮網路文學卻出現「文荒」現象。（禹建湘，2011：24）
>
> 「玄幻」和「穿越」成為一窩蜂的寫作時尚後，文本模式化的雷同問題也日益凸顯出來：相同的人物、相同的愛恨情仇、相仿的情節套路，……本來，古代或異界的歷程應該是充滿新奇和驚喜才對，對未知世界的探索也應該是一種讓人興奮緊張的過程才對，而現在看頭知尾的無稽文本卻在不斷重複著大同小異的無趣故事。（曾繁亭，2011：29）

　　網路小說標榜自由寫作，故事題材五花八門且不拘一格，與傳統小說相比，網路小說更加重視主題的娛樂性和休閒性。題材的自由度與新穎性，是網路小說作者展現其創作自主性的一面，而且在很多讀者眼中，也是網路小說的魅力之一，因為讀者在其他小說

中很難找到這類題材。例如專門寫盜墓故事《鬼吹燈》作者天下霸唱，主要就是寫離奇與怪誕的故事，對天下霸唱來說，這類讀者所期盼的是天馬行空的想像，或者從未體驗過的神祕感，他說：「原因很簡單，一是新奇，讀者沒有接觸過；二是懸念，讀者猜不到情節。如果作品缺少了想像力，就難以給讀者帶來閱讀的快感，也就很難說是好作品了。」（張曉然，2009）

然而不管寫手原本要追求的寫作目標為何，一旦網路小說無法跳脫類型公式的窠臼，出現公式主宰創意的現象時，公式化就會大幅阻礙個人創作風格的成長，例如一些寫手成名之後，會一味複製或演繹自己過去的作品；而同類新作品又會相互模仿，使得讀者一看開頭，就能猜到結尾，結果許多小說如同煙火般來得快也去得快，紅袖天香總經理孫鵬在2012年初，參加臺灣的「兩岸三地華文創作與數位出版論壇」演講時，就曾提到，在總裁類型小說鼎盛時期，該類型故事一個早上就有三十七個總裁在開會。類型小說作品一味沿襲固有的寫作套路，其生命週期無形中被公式化寫作影響而大幅縮短，這對於崇尚自由創作的網路原創小說精神而言，無疑是一大諷刺，從類型的生到類型的死，生命週期越來越短。

三、求票文化

「起點」原來是草根的Web 2.0平台，靠著讓寫手寫出受歡迎的作品，讓讀者感受到草根文學的魅力而發跡。臺灣的網路作家九

把刀（2007）認為，這種作者創造故事，讀者選擇經典、寫手在創作過程中直接與讀者對話的交互性精神，正是網路小說的精髓，他說（同前引：43）：「支撐一種文學興衰的並非文學素養高深的作者，而是實際採取閱讀行為的讀者，而網路小說的內在意義自始自終都是指向讀者的、充滿讀者身影的、祈求讀者的、藉由讀者再生產自己的。」

但是當這種交互性精神，被「起點」轉換成以讀者評選決定名次，再以排行榜成績來論斷作者高下之後，網路小說的讀寫互動就不再以精神層面的交流為導向，而是有了實質的對價關係。最常見現象就是作者為了要在拉高作品排行，於是不斷向讀者求票的舉動，許多寫手會在連載寫作期間，持續向讀者催票、拜票，尤其是在可以獲得雙倍月票的每月限定期間之內，寫手常會以「爆發」（加倍或多倍）更新的方式，以討讀者之喜好。若是寫手更新速度不如預期，讀者還能藉由打賞制度來激勵寫手（每篇作品的章節頁面旁都有打賞按鍵）。對訂閱數較少的作者來說，有時打賞獎勵跟催更票的收入，甚至超過訂閱的稿費收入，因此打賞跟催更也成為「起點」寫手的另類收入來源。

讀者與寫手的互動，若被窄化為一種「求票——賞票」式的互動，這種互動文化無形中對創作自主性就產生了制約。例如寫手為了衝高作品的網路點擊量、拉高作品的得票數，會讓情節高度誇張，或添加色情與暴力的描寫，重複流於灑狗血或腥羶色，創作要獵奇、奇景、聳動。有些寫手為了要衝點擊量，會刻意迎合讀者、

讓情節流於灑狗血，希望在短期內吸引讀者目光，這與臺灣鄉土類電視劇為了飆高觀眾收視率，結果誇張情節一再循環重複的情況如出一轍，如同周志雄（2010：331）指出，許多大學校園題材的網路小說故事，經常用大量感官描述來刺激讀者：「網上寫作需要吸引讀者的眼球，需要在浩如煙海的文字中凸現自己，大量寫作性場面，放縱自己的感官慾望，一昧追求作品的『好看』和『刺激』，商業化策略被廣泛使用，就連一些大學校園題材的小說，也被人批評為『爭比放浪輕狂』」。

當付費閱讀制度讓「起點」得到一群有實質影響力的讀者時，文學網站也走入一個追求「得票率」的網路小說時代。在這樣的互動關係中，讀者與寫手雙方的權力關係顯得越來越不對等。

第四節　結語

當代的中國大陸文學網站，常被批評把工業化生產流程帶進文藝創作中，讓網路小說的創作生產工廠化。透過起點中文網創作生產策略的分析，我們可以看到為何這個比喻會被使用的原因，中國大陸原創文學網站以按字計酬策略穩定網路小說的創作生產源頭；透過作品類型化策略降低新進作品失敗的可能性；讓讀者替作品排行以提升作者與作品的知名度。平台在整個創作生產過程中，一直強調生產效率與更新速度，這樣固然牢牢的抓住用戶的眼球，但按字計酬策略導致寫手重視速度、產量的極端化寫作；作品類型化策

略導致了寫手偏好採用文類中流行的公式寫作；而作品排行策略導致寫手為了提高作品排名，常增加浮誇情節迎合讀者。

　　原創文學網站的平台設計真的有助於網路小說更好的品質提升，還是只是讓網路寫手更加服膺資本邏輯，使得文學想像受制於簽約與分潤條件？一旦作品形式固化，讀者培養出的審美趣味是否也趨於同質化？這樣的網路小說娛樂如何去提升自己的層次？這都是從這類原創文學網站的創作生產策略中看到的基本面問題，也有待原創文學網站經營者去突破跟解決。

第八章

中國大陸網路小說的
全版權經營模式研究

第一節　盛大文學的版權控制

　　中國大陸的網路小說從2008年起，正式進入「全版權經營期」，推動全版權經營的代表性公司，是該年七月成立的盛大文學公司（于曉輝，2012；王祥穎，2010；李慶雲，2014；楊寅紅，2013；劉攀，2010；謝奇任，2015）。

　　促使盛大文學公司走向全版權經營的原因有三點。首先，作為盛大文學公司主要經營業務的原創文學網站市場，業績成長緩慢。原創文學網站的獲利主要來自付費閱讀、版權交易與網路廣告，其中，付費閱讀收入占總營收的70.8%，其次是網路小說版權交易占22.3%，最後是網路廣告收入占5.4%。付費閱讀雖然是文學網站主要獲利，但公司必須將大部分的收入分給簽約寫手（張輝，2013），壓縮了整體獲利，一直到2012年第一季，盛大文學才首度出現轉虧為盈（羅秋雲，2013）（請見表十二）。

表十二　2008年～2012年盛大文學的獲利

	淨營收	淨虧損	淨利潤
2008	0.53億元		
2009	1.35億元	7,450萬元	
2010	3.93億元	5,650萬元	
2011	7.01億元	3,590萬元	
2012 Q1			303.6萬元

資料來源：張曉潔，2012；羅秋雲，2013；騰訊網，2012.02.25。

其次，盜版網站猖獗影響獲利。網路小說市場的龐大商機引發覬覦，小說的盜版與侵權行為在中國十分普遍。據估計，中國有五十三萬多家的非法網路小說盜版網站，每年獲利相當於五十億元人民幣（趙一帆，2011）。盜版網站每天的點擊量高達百萬次，光盛大文學簽約作品就有五千部以上的作品被侵權。盜版網站靠著這些「免費內容」吸引網路流量，再藉高網路流量吸引廣告主上門刊登廣告牟利，為此，盛大文學一度將矛頭指向搜尋引擎網站百度，指控百度為數十家盜版網站提供非法鏈結。粗略計算，2010年時盛大文學排名前十名的小說，透過百度平均被盜版八百萬次以上，這些鏈結有99%都是盜版（覃澈、宋家明，2012：58）。網路小說的盜版問題在中國尚未獲得根本解決的情況下，2012年一度想前往美國證券交易市場上市籌資的盛大文學，被迫必須另闢其他財源，向資本市場證明公司尚有其他可靠穩定且具有前景的營收管道。

最後，網路小說內容的市場生命週期短暫。這個問題跟原創文學網站的過度生產現象有關，以晉江文學城（2014）的統計為例，晉江擁有註冊用戶七百萬人，註冊作家五十萬人，簽約作家一萬二千人，其中有出版著作的達到三千人，每天有七百五十部新作品誕生，並有二本新書被成功代理出版。由於產量大，網站寫手常因互相抄襲，於是會有短時間出現大量同質作品的現象（施晶晶，2012），例如近年來流行的婚戀小說，以及穿越類型的宮廷小說都遇到過類似困境，這迫使原創文學網站必須趁網路小說題材當紅之際，在黃金賞味期限內儘快選擇具有市場潛力的優質作品進行版權

開發，否則一旦過了流行高峰，版權交易市場上就容易因題材撞車而乏人問津，甚至面臨被打入冷宮的命運，近來因為網路小說題材的浮濫，影視產業對網路小說版權的購買也轉趨謹慎，不再照單全收。

對盛大文學而言，全版權經營模式想要成功，關鍵在於海量網路小說版權，因為在文化產業中，透過版權的運作，資本可以對內容進行所有權控制，將版權當成資本積累過程中增加財富的一種工具，以及擴張其市場經濟力量的根基。過去為了能「被出版」，真正的內容創作者往往被迫放棄對自己作品的所有權，並將權利讓渡給有能力散布這些作品的人。從這個角度看，版權法雖然肯定藝術與文化內容的創作者對他們勞動成果的擁有權，但也同時也賦予版權被轉讓的合法性（Bettig, 1997）。

盛大文學對網路小說版權的壟斷跟控制，是透過原創文學網站的併購，先囤積大量網路寫手，然後在簽約過程中以合約綁綁了作者作品的版權歸屬，作品版權去作者化之後，盛大文學就可以在短時間內，對歸屬在盛大文學名下的海量版權進行市場開發，這個過程也是一個掠奪作者權利的過程。

以起點中文網為例，簽約作家條款裡關於自身能夠控制的權利被合約限縮到十分狹小（葉小樓，2014.01.15），「起點」的白金合約，要求作家將簽約作品在全球範圍內，將除了署名權、修改權和保護作品完成權以外的所有權力，獨家授權授予「起點」。這當中包括在全球出版發行中文簡／繁體文字、外文文本、修訂本、節

選本、縮編本、縮印本、圖畫本的專有權，以及影視作品的改編播映權，戲劇、戲曲的改編上演權，報紙、雜誌刊載、轉載權，遊戲作品的改編製作權，廣播權，電子出版權等，幾乎涵蓋所有網路小說能被利用的方法（杜昕，2010）。即使合約中沒有規定影視作品改編播映權與遊戲作品改編製作權為「起點」所有，但合約中仍以但書提到，只要未經「起點」的書面同意，作家不能行使這些未載入合約條款中的權力，也不允許協力廠商使用。如此一來，盛大文學幾乎等於將簽約作品的全部用途，牢牢掌控在自己手中（杜昕，2010；覃澈、宋家明，2012）。

　　網路寫手對於「起點」條款有眾多批評，寫手必須將作品擁有權悉數交給「起點」，幾乎等同被迫簽下賣身契。但是在名利誘惑以及欠缺其他更好的簽約選擇下，未成名寫手或者因沒有經驗，或者因出於無奈，只能選擇簽約。有人形容在「起點」的簽約作者條款裡，新手作者幾無「人權」可言。2012年，曾經為「起點」白金作家的「夢入神機」，因為將暢銷小說《陽神》的遊戲改編權賣給另一家知名遊戲公司，而與「起點」產生利益衝突，不僅更新中的作品被盛大從點擊排行榜撤下，《陽神》改編權還遭到「起點」收回（杜昕，2010；覃澈、宋家明，2012；闌夕，2013）。這種盡可能掠奪版權所有權的作法，引發上海作家協會副主席陳村的質疑，批評「盛大文學為富不仁、文學青年慘遭掠奪。」陳村指出，盛大文學在徵文比賽中，宣告只要評議入圍的作品等同與「起點」簽約，全部版權歸屬「起點」，這種處置方式極不合理。陳村說：

「按這個公告的說法，你的作品一旦被評議入圍，就不是你的了」
（姜妍，2009.05.05）。

第二節　盛大文學的市場壟斷

　　二十世紀末以來，全球傳播生態的重大轉變，就是媒體所有權的集中化（Bettig and Hall, 2012）。所有權集中化的手段包括水平整合、垂直整合、交錯整合等，這些手段都可以幫助媒體經營者減少開支、增加獲利、建立資本集中與權力集中的巨大機構。當市場被單一公司或者少數幾家公司高度壟斷時，市場競爭跟著消失，具有壟斷力量者就可以單方面改變獲利率以提高公司本身收益（Bowles & Edward, 1985）。依循這套資本邏輯，過去全球圖書出版產業也是利用橫向與縱向的整合，建立許多媒介巨無霸聚合系統。

　　媒體所有權集中的效用，對以知識經濟為主的傳播產業有更大的意義，因為在傳播產業中「權力」與「利潤」來源的關鍵，並非傳播內容的生產，而是其散布與流通（Garnham, 1990）。Bettig（1997）在傳播階級分析中發現，資本階級往往從控制傳播工具開始，掌握商品的散布流通，因為擁有傳播工具的所有權，再加上版權賦予的具排外性的媒體產品控制權力，資本家就能決定何時、何處來流通傳播內容，以獲取最大的利益，榨取作品的剩餘價值。

在取得版權所有權的控制之後，盛大文學在母集團的支持下，迅速走向版權流通管道的控制，藉此取得在網路小說版權交易時更多的話語權。盛大集團的前身盛大科技公司是陳天橋在1999年時創立，主要業務是代理國外網路遊戲到中國發展（入雲，2005）。2001年7月，盛大決定代理韓國遊戲商Actoz的網路遊戲《傳奇》，憑藉這款遊戲，盛大在2002年就成為中國網路遊戲營運的龍頭，不過到2002年9月，由於《傳奇》開發商管理不善，原始程式碼在海外洩露，很多非法私人網咖出現山寨版本（通稱「私服」），導致經銷商退貨，造成盛大每月數千萬人民幣的損失與玩家的大量流失，最終盛大決定停止向Actoz支付分成費用，Actoz也因盛大連續兩個月拖延付費，終止對盛大授權。

遊戲代理紛爭的經驗，讓陳天橋體悟，如果不能具備獨立研發遊戲的能力，只是扮演國外遊戲代理商的角色，發展之路將受制於人。2002年底盛大成立盛趣資訊技術公司專營遊戲開發，隔年推出自製網路遊戲《傳奇世界》並旗開得勝。此後一系列自製網路遊戲《神跡》、《英雄時代》、《夢幻國度》相繼登場。在遊戲開發過程中，盛大發現備受年輕讀者喜愛的網路小說，幾乎是網路遊戲改編的最佳參考範本，如果盛大能夠控制網路小說到網路遊戲這條產業鏈，有望在未來市場競爭中脫穎而出（覃澈、宋家明，2012），這一原因，促使盛大正式展開原創文學網站的併購行動。

陳天橋的野心不止於網路遊戲，在接受媒體專訪時他多次提

到：「我的目標是把盛大打造成一個互動娛樂的媒體公司，就像迪士尼那樣的多元化的媒體帝國」，將盛大打造成「中國網路迪士尼」（入雲，2005；吳海菁，2006；智強，2005）。經過迅速發展後，盛大集團從原創網路小說（盛大文學），到遊戲開發（盛大遊戲）、遊戲運營（盛大在線）、視頻分享（酷6網），再到版權交易（盛世驕陽）、影視製作（盛大影視）、遊戲主題旅遊（盛大旅遊），版圖迅速橫跨娛樂產業的上下游。

　　盛大文學進入網路小說出版市場領域之前，各種原創文學網站林立，市場競爭激烈，但盛大文學展開併購行動後，文學網站市場就由競爭走向壟斷。盛大文學進軍網路小說的第一站，是2004年對起點中文網的收購，當時「起點」是中國大陸知名度最高的文學網站，擁有最多知名網路寫手。併購「起點」之後，盛大並未急於馬上收購其他網站，而是等到了2007年底，才啟動下一波行動。2007年12月，盛大收購女性文學網站晉江原創網[1]；2008年7月，盛大收購紅袖添香網。2008年7月盛大以「起點」、晉江原創網與紅袖添香網為基礎成立盛大文學，並聘請原新浪網副總編輯侯小強擔任CEO。2009年12月到2010年4月，盛大文學連續收購了榕樹下、小說閱讀網、言情小說吧與瀟湘書院四個原創文學網站（胡龍飛等，2011）。至此，盛大文學完成了七個大型原創文學網站的收編，擁有一個讀者規模超級龐大的網路閱讀平台。

---

[1]　2010年2月10日起改名為「晉江文學城」。

從各原創文學網站的定位來說，「起點」偏重玄幻小說，瞄準男性讀者，小說字數很長，且帶有大量網路遊戲的元素；晉江原創網與瀟湘書院則瞄準女性讀者，為女性閱讀網站；榕樹下具有文學沙龍的特色，經常舉辦網路小說競賽；小說閱讀網偏重青春校園類小說，紅袖添香則以言情小說見長（盛大文學，2014）。根據2010年2月艾瑞諮詢的調查結果，原創文學網站總日均覆蓋人數有八百五十九萬人，其中第一名為「起點」，日均覆蓋達二百零四萬人，第三至第七分別是晉江原創網、小說閱讀網、言情小說吧、瀟湘書院和紅袖添香，五家網站累計總日均覆蓋人數共三百四十萬人（葉秋芳，2010）。上述六家原創文學網站的作者總人數累計超過九十萬人，儲存內容超過五百億字，另外每日新增的內容達到六千萬字，佔網路小說領域90%以上的資源（金朝力、焦劍，2010）。再從2011年的營收統計來看，盛大文學在網路小說的市場佔有率達到72.1%，而且光是「起點」一家的營收就達到43.8%（騰訊網，2012.02.25）。到了2013年，根據中國「新聞出版總署」的統計資料，全中國註冊的文學網站雖然高達五千家，但盛大文學旗下的原創文學網站，作家人數已達一百六十萬，每日更新文字八千萬字，網站的累計註冊用戶數也達到1.23億人（周百義、胡娟，2013；萬媛媛，2012；範榮靖，2013）。

盛大董事長兼CEO邱文友不諱言，盛大文學已是中國「網路＋文學」的代名詞，因為這個行業一直是由盛大文學在定義，所以在2008年到2013年之間，就市場品牌影響力和市占率，盛大文學在網

路小說市場是沒有對手的，換言之，盛大文學幾乎就是中國大陸網路小說的代名詞（孫冰，2013）。

　　原創文學網站併購大秀甫落幕，盛大文學又著手展開垂直出版通路的整合。2009年6月，盛大文學創立聚石文華圖書公司，專營實體圖書出版與發行，不久又再收購華文天下與中智博文兩家出版公司，躍居中國大陸國內最大的民營出版公司。以2012年為例，中國大陸最暢銷的一千本圖書當中，有一百三十二本為盛大文學出品（韓浩月，2013）。由於在中國經營實體出版的難度仍高，因此盛大文學本身擁有民營圖書出版公司，對許多渴望出書的網路寫手十分具有吸引力。

　　擁有實體圖書出版部門後，盛大文學繼續建構數位出版部門。2010年6月，盛大文學收購網路有聲書平台天方聽書網，7月又收購電子雜誌網站悅讀網。8月，盛大集團的錦書（Bambook）進軍電子書市場。2011年2月，盛大將雲中書城從錦書獨立出來，使之成為盛大文學電子書的主要經營平台（胡龍飛等，2011.06.22）。2011年4月，雲中書城Web2.0正式推出，出版商可通過「店中店」的形式，以自有品牌在雲中書城開店（唐鳳雄，2010.10）。雲中書城已經跟三百二十多家協力廠商出版機構和作家達成合作關係，包括王蒙、劉震雲、阿來、麥家、莫言、梁曉聲、畢淑敏等大批當代知名作家，都跟盛大文學簽約，將作品的電子版權委由盛大文學銷售（韓浩月，2013）。除了布局出版業，盛大文學也瞄準影視產業，2011年3月，跟新經典文化合資創立了盛大新經典影視文化公

司[2]，負責盛大文學網路小說的影視改編、劇本訂製以及影視商務活動策劃（盛大文學，2014）。

　　一手催生盛大文學的侯小強，在不同的媒體訪問時曾談到，希望盛大文學日後能成一個「世界小說工廠」（彭波，2009）[3]、一家「書業經紀公司」（烈日，2008；彭波，2009）、一間「華語文學的夢工廠」（陳彥煒，2009）、成為「中國亞馬遜」（王冰睿，2010）、「世界第一的文學版權營中心」（楊敏，2010），以及「全球華語內容生產的集合商」（顏雅娟，2013）。2013年，侯小強在《平臺戰略》（陳威如、余卓軒，2013a：VII）一書的序文中提到：

> 盛大文學成立四年多以來，已經步入中國網民的日常生活。你或你的朋友新買的圖書、手機上的小說、正追看的電視劇，都可能與盛大文學有關。我們佔據了中國網路文學市場72.1%的市場份額，是國內最大的民營圖書出版公司，也是根據網路原創文學作品改編影視劇作品最多的公司，盛大文學已經成長為中國最大的社區驅動型網路文學平臺。

---

[2]　其後被更名為盛大新麗影視文化公司。

[3]　在接受媒體專訪時，侯小強說：「世界小說工廠，是一個含括上下游產業鏈的企業，生產的是一個產品，而非狹義的小說。規模化與規範化是它的兩大特點。它擁有流水線式的生產和商業化的運營，諸如電影、電視，線上線下的版權如何運營、如何收費都是需要考慮的問題。我們期望這個工廠有更多的產品、更廣闊的平臺」（彭波，2009）。

第三節　盛大文學的全版權經營模式

　　對盛大文學而言，網路小說是一種有價資產，而版權則確認網路小說作為商品的地位，並保證網路小說商品交換價值的實現。控制版權所有權、掌握版權交易管道的盛大文學公司，可以藉由決定何時與何處流通網路小說內容，使其利益最大化，至於大多數網路寫手（真正創作者）能夠主導作品如何被編輯、宣傳及流通的機會則相當有限。盛大文學在官網中說：「盛大文學通過整合國內優秀的網路原創文學力量，構建國內最大的網路原創文學平台，增進讀者和作者之間的互動交流，並依托原創故事，推動實體出版、影視、動漫、遊戲等其他相關文化產業的發展。」侯小強也說：「最早盛大文學只是數字出版公司，現在的定義是文學產業鏈公司，毫無疑問，以後它會是版權投資公司」（韓浩月，2013）。

　　在盛大文學強勢主導下，網路小說業者開始進軍版權交易市場，並與中國大陸各類娛樂市場建立起更緊密的商業關係。形式上，盛大文學將文學網站當成生產基地，自己扮演一個版權交易中心，或者B2B的交易平台，透過各種衍生商品形式的開發，建構「網路寫手──網路作品──電子收費──書籍版權──行動閱讀版權──影視改編──漫畫和動畫改編──網路遊戲改編──海外版權轉讓」的連結，並且將眾多文學網站、內容經紀人、影視投資商、遊戲廠商、動漫公司、電信運營商、用戶端產品製造商、廣告

代理商等組成在一起，成為一個牽動多方的全版權經營架構（請見圖六）。

　　跟傳統小說改編相比，盛大文學的全版權經營，最大特色是能產生所謂的「跨邊網路效應」（陳威如、徐卓軒，2013a）。因為網路小說在創作期，就會產生大量忠實讀者粉絲，當電影業、電視業、遊戲業、動漫業者選擇高人氣網路小說改編，邏輯上，商業利益實現能夠從原先讀者群市場獲得基本的保障，確保其製作開發時投入的龐大資金能夠安全回收。這個「跨邊網路效應」的運作，正

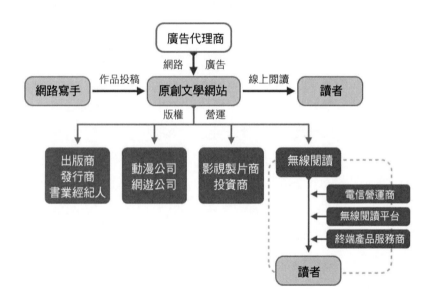

圖六　盛大文學的全版權經營架構

資料來源：周百義、胡娟（2013），頁22。

是要以「網路小說點擊率」，轉化成「電視收視率」、「電影票房成績」、「遊戲玩家用戶數」，也就是以網路小說的粉絲跟用戶規模為基礎，來影響另外一邊的群體買單。網路小說的核心粉絲群因為經常接觸各種流行資訊跟產品，所以這個消費群體的付費價值也獲得其他娛樂產業的重視，因此其點擊量相形之下更具吸引力（艾瑞諮詢，2015）。

據估計，網路小說每年產生的直接閱讀收益接近二十億元，網路小說衍生的出版物、遊戲、動漫畫、影視劇、廣告等相關產業的收益也可能達上百億元（周百義、胡娟，2013：22）。版權交易最成功的一個案例，是2006年「起點」作品《鬼吹燈》，這部小說總共出版了八集實體書，同時被改編成動漫畫、電影、遊戲、有聲書，還賣出多國海外版權（姜妍，2013.03.16）。《鬼吹燈》帶給盛大文學極大信心，盛大文學也希望繼續複製《鬼吹燈》的成功。

近年熱門中國漫畫，也幾乎都跟網路小說有關，2012年最熱門漫畫作品中，幾乎都與網路小說有關，絕大多數來自於盛大文學的原創作品，盛大文學共計授權漫畫改編作品五十多部，其中，《知音漫客》連載起點白金作家天蠶土豆的《鬥破蒼穹》所改編的同名漫畫，《神漫》連載根據起點白金作家唐家三少作品《鬥羅大陸》、以及禹言作品《極品家丁》改編的漫畫，《漫友》則連載貓膩的《將夜》和我吃西紅柿的《盤龍》改編的漫畫。其中天蠶土豆的《鬥破蒼穹》漫畫單行本發行量超三百五十萬冊，唐家三少的《鬥羅大陸》單行本發行量近千萬冊（張曉潔，2012：75）。

除了漫畫改編之外，遊戲改編市場也大量的採用原創性高的網路小說來作為端遊（電腦線上遊戲）、頁遊（網頁遊戲）與手遊（手機遊戲）的腳本。在2010年前後，網路小說改編遊戲主要集中在三大類，包括歷史文學類，如《夢幻西遊》、《赤壁》、《成吉思汗》等；網路小說類如《誅仙》、《星辰變》、《鬼吹燈》、《仙逆》等；金庸古龍武俠系列如《九陰真經》、《鹿鼎記》、《天龍八部》等。根據張賀軍（2012：8）的統計，網路遊戲網、騰訊、17173.com等遊戲門戶網站中，網路小說改編遊戲分別佔其遊戲總量的25%、17%、23%。《傭兵天下》的作者說不得大師曾分析過遊戲廠商青睞網路小說的原因，他認為，遊戲公司最看重的是網路小說「粉絲人氣」和「完整的敘事設定」。首先，一款網路小說改編的遊戲，其玩家2/3是來自作者粉絲，1/3是來自廣告，一個擁有眾多粉絲的網路小說，給遊戲公司帶來價值相當大，慕名而來的粉絲用戶，忠誠度、容忍度都很強，就算遊戲做得不好，用戶也會容忍。其次，網路小說的敘事設定較為完整，一些製作便宜的端遊、頁遊常套用舊作的引擎與內核就上線收費，這種同質化的遊戲作品深深傷害了網遊市場，令人翻開即棄（張曉潔，2012：75）。

再以影視改編權為例，中國網路小說與影視產業的關係越來越親密，2000年的《第一次的親密接觸》是華語電影與網路小說的第一次牽手；2008年《杜拉拉升職記》開啟所謂「網路小說與電影的聯姻」（牛萌，2011.12.16；林心涵，2013）；張藝謀的《山楂樹之戀》開啟名導的網路小說改編之路。根據艾瑞諮詢的報告，2011

年盛大文學全年共計售出影視版權作品六百五十一部，銷售作品數量比去年增長107%（韓浩月，2013）。

第四節　盛大文學模式對網路小說文化的影響

全版權經營模式突顯了「優質版權」的重要性，所謂的優質版權不一定指其內容的優質，還指網路小說的人氣或點擊率上的優勢。這也是為什麼近來在全版權經營模式之下，「粉絲數」、「大神級作者」被視為網路小說的核心概念，在優質內容版權數量有限時，為實現網路小說價值的拓展與延伸，各家網站無不以開發「明星版權」為目標，希望以明星寫手為號召，打通娛樂產業鏈的任督二脈，發展粉絲經濟，從而突出重圍，迅速搶佔市場。

一、寫手明星化

盛大文學所經營的文學產業鏈，基本環節從簽約寫手開始，再以儲存原創作品為基礎，經文化仲介延伸出多個版權行銷環節，在這個全版權經營模式中，事實上作者才是網路小說最關鍵的源頭，因為喜歡的作者寫什麼，讀者都會看、都會追（歐陽友權，2013）。在原創文學網站中，網路寫手人氣至關重要，唯有將人氣高、產量佳的寫手留在網站中，才能夠確保網路小說全版權經營模式的順利運轉，白金寫手甚至成為文學網站眼中的金雞母，因為白金寫手可以帶來龐大人

流;這些人流又會形成一種背書,成為版權交易時買方的重要參考指標。中國電影導演協會會長李少紅接受媒體訪問時便提到:「我在網路上選材參考的關鍵是點擊量,因為這代表著小說已經在市場上經歷了一個初級判斷。」(傅若岩,2013)如此看來,網路小說的商業價值幾乎跟網路寫手人氣與作品點擊量成正比。

2013年,全中國大陸註冊的網路作家人數達到二百萬人之多,其中可歸為職業或半職業的人數也超過三萬(周百義、胡娟,2013:22)。許斌評估,這些人中大約只有2%的簽約作家是有商業價值的(魏迪英,2011)。以「起點」為例,它擁有行業內超過80%的一流作家,但其中能夠賺錢的底層作家有一千三百人,中層作家有四百六十人,高層作家有二百八十人,而白金作家更只有三十人左右。起點光是發給這三十個白金作家的稿酬,就佔了每年總稿酬中的三成。三十位起點大神給起點中文網帶來巨大的點擊流量,其作品的遊戲改編權、影視改編權等版權銷售分成也讓網站收入不菲。依靠這些頂級作者,2012年第一季度盛大文學才得以首次轉虧為盈,實現淨利潤303.6萬元(羅秋雲,2013:25)。

明星趨勢出現後,大神儼然是網路小說界高端頂級戰力,作家群也出現M型化收入,普通作家與白金作家間貧富差距越來越大。2012年《華西都市報》公布「第七屆中國作家富豪榜」,本屆榜單首次增加「網路作家富豪榜」[4],其中,唐家三少、我吃西紅

---

[4] 根據該媒體的說法,金額統計是由該媒體蒐集2007~2012中國大陸網路作家的各種稿酬、版稅與授權收入後加總計算而得到。

柿、天蠶土豆，分別以3,300萬、2,100萬、1,800萬元人民幣位居前三（華西都市報，2012.11.26）。2013年，《華西都市報》在「第八屆中國作家富豪榜」持續公布「網路作家富豪榜」，只是這次只以2012年至2013年的年收入來排行，唐家三少、天蠶土豆、血紅又分別以2,650萬、2,000萬、1,450萬人民幣位居前三（張杰，2013.12.03）。以這兩屆網路作家富豪榜的調查結果來比較，可以發現兩個明顯的趨勢，其一，前二十名的高收入作家有八成來自盛大文學。其二，明星寫手吸金功力大幅提升，2013年唐家三少、天蠶土豆跟血紅總收入，已經趕上（甚至超越）過去五年個人版稅總收入。其三，雖然各大文學網站都重視新人的養成跟提升寫手的能力，但真正入榜的新人屈指可數，我吃西紅柿、骷髏精靈、月關、辰東等都是老面孔，這些寫手的寫作題材都集中於玄幻、仙俠領域，彼此同質性非常高。

在此同時，多數網路寫手的薪資報酬，只能算打工仔，每千字最多只能領到十至一百元人民幣，即使是簽約作家中，也有許多人生活上需要靠原創文學網站給予額外援助，例如2010年「起點」就針對月稿酬不足一千二百元的作家發放短期補貼，並有五百名作家申請補貼且被接受（魏迪英，2011）。因為文學網站已經習慣將資源投放在成名者，新人或尚未成名作家在讀者與網站關注較少的情況下，想出頭的難度越來越高，尚未簽約的作家，不僅沒有底薪與醫療保障，更沒有社會保障，工作狀態也令人擔憂，因為網路小說在寫作速度上的要求，迫使很多作家每日要更新五千字到一萬字，

實際上網路寫手的生活十分單調枯燥，他們也失去了傳統作家隨性而作的自由，很多簽約作家每天花上十多個小時對著電腦屏幕打字。大陸作家韓寒就認為網路小說的寫手實在太辛苦，他認為，網路寫手如果年收入二百萬，就相當於寫了一千萬字，對他而言，這幾乎等同於一百本書的工作量（劉琦琳，2010）。

二、明星版權的開發

在版權開發逐漸成為網路小說市場的重心時，爭取明星寫手已經是各家原創文學網站的生存之道。而擁有超過80%一流寫手的「起點」首當其衝成為競爭對手覬覦目標。2006年，劉英從「起點」離職後創辦「17K小說網」，就一口氣挖了「起點」一流作者將近二百多名，包括當時「起點」的四大天王血紅、煙雨江南、雲天空、酒徒。

2010年，張雲帆接手「縱橫中文網」，在完美時空公司資金支持下，喊出提高寫手福利政策、不急於上架收費、給寫手基本收入保障、為一線寫手簽員工合約、辦社會保險的口號，一口氣從「起點」挖走夢如神機、柳下揮、流浪的蛤蟆等大神，「縱橫中文網」市占率因這群明星寫手加入穩定上升，並在短時間內，就成為名氣僅次「起點」的原創文學網站。

2013年3月，吳文輝等原起點中文網中層管理與編輯四十多人，集體請辭加入騰訊公司後設立創世中文網，「起點」白金作家

如蒼天白鶴、貓膩，以及其他網站寫手共一百多人，一起跳槽加入了創世中文網（羅秋雲，2013：25）。

除了直接挖角，盛大文學競爭對手也紛紛祭出高額簽約金與高分成搶新人，例如縱橫中文網開出的條件，包括保持寬鬆的創作環境，不急於上架收費，給作家更好的保證收入，此外，它還為一線作家簽員工合約，辦社會保險，加強對作家品牌的包裝宣傳。

為了防止寫手跳槽，盛大文學也展開反擊，在「起點」成立十周年之際，宣布要升級作者福利以安撫軍心，包括基本收入保障、為寫手繳納醫療保險、版權分成比例最高可達八成、對簽約作者提供三百元到一千元的全勤獎、建立作者經紀人體制、通過專業團隊幫助作者進行版權推廣、粉絲維護管理、進行品牌包裝等（張小平，2013；羅秋雲，2013）。

一系列的挖角發生後，跳槽風氣日熾，明星寫手身價水漲船高，網路寫手跟原創文學網站之間的依存關係也開始發生反轉，網站因為要靠明星寫手人氣吸引讀者，逐漸不再以買斷或阻撓的方式控制作品版權，而是朝利益分享或扮演投資方角色經營與網路寫手的關係（徐穎，2011.05.20）。舉例來說，「起點」為了全方位運營明星寫手唐家三少的作品，2013年底，跟唐家三少合作成立唐studio工作室，這也是起點中文網中，第一個成立個人工作室的網路寫手（舒晉瑜，2014.01.22）。

第五節　結語

　　壟斷性文化產業對流行文化的發展貢獻評價兩極，以國際唱片產業為例，對於大型國際唱片公司，支持者肯定這些公司為流行音樂市場做出了一定的貢獻，激發各地藝術、文化與娛樂創造力；但悲觀者認為，正是這些公司太過追求利潤與大眾口味，太過依賴行銷包裝音樂，而忽略真正的小眾需求，導致唱片業所生產的音樂趨於標準化與同質化，市場壟斷也擠壓了小眾、另類、弱勢族群音樂的生存空間，使流行音樂文化的品味趨向一致化，最終將導致音樂表現缺乏多元創意，並失去批判能力（Chapple & Garofalo, 1977; Harker, 1980）。

　　同樣的道理，盛大文學控制網路小說版權，重新建構版權流通與交易管道，然後憑藉通路優勢切入其他影視娛樂的產業鏈之中，企圖建構網路小說帝國，達成全版權經營優勢。但是單一公司壟斷網路小說版權市場，自然引來類似質疑，這些批判的聲音包括，第一，盛大文學強勢收購多家大型文學網站後，集團網站之間不論在首頁構圖、頻道選項、作品分類與小說標題選用等都可以看到高度雷同性，文學網站如同一個模版走出來，而其他文學網站又紛紛仿效盛大文學的網站，文學網站的經營模式趨於同質化。

　　第二，在原創文學網站主導下，網路小說作品的自主性漸漸消失（許苗苗，2031.01.10）。在盛大文學重新連結下，網路寫手現

在追求的，除了讀者胃口，更要想著如何滿足影視業者、遊戲業者的改編需求。這些新的光環誘使無數新人幻想自己成功的未來，於是投入、放棄、再投入網路小說創作生產，使網路小說成為附庸的情況嚴重。從點擊率、收視率、票房、用戶數，爭奪眼球的比賽不斷重複，寫手一步步完成對商業利益的全部投降，失去獨立的藝術品格（蘇星，2012）。盛大文學並不諱言自己懷著赤裸裸的商業目的，《中國週刊》記者，有一次質疑盛大文學看待網路小說成功的標準只剩下「錢」時，侯小強回答：「不然還有什麼？盛大衡量作品的標準只有一個，那就是錢！」，侯甚至反問：「除了錢，還有別的標準嗎？」（陳遠，2009.6.18）。

第三，網路小說版權大量進入中國影視與遊戲產業促成內容同源化之後，影視創作也暴露出題材同質化、風格類型化和情感庸俗化等問題。以2011年熱播的十幾部改編自網路小說的熱播劇為例，「穿越劇」和「宮鬥劇」就佔了大半江山。

第四，網路寫手勞動成果兩極化。為了爭取明星寫手，盛大文學與競爭對手紛紛祭出高簽約金與高分成，尚未簽約的作家，不僅沒有底薪與醫療保障，更沒有社會保障，工作狀態也令人擔憂，以資本力量培養大神，寫手變成一種誘人的職業，在競爭體制中，新的寫手也開始幻想自己的成功未來，無數人投入、放棄與再投入，生產、流通與消費都變得越來越快。但文學網站在經營上更加依賴少數明星人物，新人要出頭的難度增加不少。

第九章

中國大陸網路小說的
一源多用模式研究

第一節　網路小說的IP化

擁有傳播工具，且擁有Edelman（1979）所稱的智慧原料
（intellectual primary material）的傳播資本階級，常以智慧原料為
核心進行各種版權交易創造利潤，在二十一世紀，這類版權交易更
強調採用各種媒體形式，對同一內容重新進行加工或再創作，以提
高其附加值，在歐美這種作法常被稱為「利潤乘數模式「（profit
multiplier model）；在日本稱為「漣漪效應」（ripple effect）[1]；在
中國大陸稱為「一次寫，多次開發」；在韓國稱為「一源多用」
（one source multi-usage, OSMU）[2]。

網路小說從出現以來，就常以其低門檻和內容的非傳統性，獲
得廣大網民的認同並蓬勃發展，網路小說產業也漸漸摸索出一套對

---

[1] 在日文裡「漣漪效應」的真正用法是「經濟波及效果」。這個現象專門指
因某種商品市場需求在經濟上衍生出的連鎖效應，例如，漫畫、小說、
動畫、遊戲、電影、電視連續劇等單一媒體內容商品，透過不同媒體平台
的呈現，產生第一次的漣漪效應；主題樂園、教育、觀光、玩具等產業則
沿用內容的世界觀製成商品販售，則產生第二次漣漪效應。這兩次漣漪效
應都同樣涉及兩項概念：「跨媒體」（media mix）與「多用途」（multi-
use）（李世暉，2013：39）。

[2] 「一源多用」可以解釋為「一個來源，多種用途」（表晶勳，2009）或者
「一次內容創作，多重產銷應用」（王榮文，2006），即一種文化素材借
其他媒體、形式得以詮釋、擴散的現象。雖然一源多用與過去所說的「改
編」有十分相近之處，例如把戲劇劇本改編為影視劇本，把小說改編為電
影，不過一源多更強調「多媒體」（姜由楨，2009）。

於同一內容重新進行加工或再創作的方式，以生產出該內容的多種媒體形式，提高其附加值。在中國大陸的網路小說產業，先有2008年開始，盛大文學以熱門網路小說培養出大量人氣與口碑效應，再通過影視劇改編、遊戲製作、實體書出版等鏈結，產生一系列衍生產品，企圖在原有內容上創造出更多價值，創造網路小說版權產業鏈的經營方式；其後，2015年起，閱文集團[3]同樣以盛大文學模式為基礎，持續以文學為火車頭，布局影視、遊戲、動漫等內容產業。

經過幾年的摸索，中國網路小說產業對於網路小說的智慧財產權（intellectual property，簡稱IP）價值的評估，有比較具體的說明方式。艾瑞諮詢（2015）認為，此類IP的價值交換方式，是從建立網路小說的讀者量開始，然後從大量讀者中找出潛在用戶群，以及受到網路人氣和粉絲推薦影響的泛用戶群，再設法將這兩種群體的用戶，轉化成真正衍生內容的付費用戶。若以網路小說IP的影視價值轉化為例，在源頭部分，最重要的就是擴大網路小說讀者量，讀者量的統計，可以從正版APP點擊量、正版網站點擊量、貼吧關注度、微博關注度、百度搜索指數、全渠道正版比例等來源計算。至

---

[3] 2015年1月，騰訊文學宣佈併購盛大文學，並成立新公司「閱文集團」。合併之後，閱文集團旗下擁有多家高知名度的原創文學網站，包括創世中文網、起點中文網、晉江原創網、瀟湘書院、起點女生網、紅袖添香、雲起書院，以及各種中下游網路小說品牌如QQ閱讀、中智博文、華文天下等，在中國大陸網路小說市場中，其市佔率大幅領先了同類業者如百度文學、中文在線、阿里文學，成為中國網路小說市場最主要的內容供應商。閱文集團聯席CEO，即原騰訊文學CEO吳文輝，他也是過去起點中文網的創辦人之一，是中國網路小說產業發展的關鍵人物。

於影視衍生內容付費用戶的最終轉化率，則因用戶對影視作品的推薦率、同類影視作品表現、影視作品的製作團隊、演員陣容、上映日期、頻道選擇、行銷宣傳力道等因素影響，會導致轉化率的差異。

有鑑於2015年以來，IP已經成為中國大陸網路小說產業中的熱門詞彙之一，網路小說IP爭奪戰也越演越烈，故本章將以中國大陸的網路小說影視改編熱潮為例，探索中國大陸網路小說的一源多用模式。本章將回答以下問題：中國大陸網路小說影視改編的發展過程為何？網路小說影視改編潮為何會發生？網路小說影視改編的隱憂有哪些？以及網路小說影視改編的本地模式為何？以下分節依序回答四個研究問題。

第二節　網路小說影視改編的發展

中國大陸網路小說影視改編發展，以作品數量和時間來劃分不同階段，從2000年至2015年，大致歷經了三個時期（王麗君，2013；孟豔，2013）。

一、網路小說影視改編起步期（2000年至2003年）

當代網路小說改編成影視作品的風氣，最早是由《第一次的親密接觸》這本書開始的，《第一次的親密接觸》小說從臺灣紅到對岸，改編電影自然也受到兩岸觀眾的注意，電影是在臺灣拍攝，

由金國釗導演，陳小春、馬千姗、舒淇、張震主演，2001年11月在北京上映，儘管小說引起流行，但改編電影的票房跟口碑卻不太理想。同年，筱禾的網路小說《北京故事》也被改編成電影《藍宇》，由關錦鵬導演。該片雖然在海外市場的評價不低，但因為影片內容涉及了中國改革開放時，高幹子弟的腐化生活，以及利用關係走私等政治敏感話題，又描繪了男男之間的同性關係，所以遭到中國官方的禁演。整體來說，起步期影視改編的作品以電影拍攝為主，作品數量有限，市場不如預期熱烈，只能說是網路小說和影視劇聯姻的一個開始。

二、網路小說影視改編發展期（2004年至2009年）

2004年之後，網路小說除了被拍成電影，也被改編成電視劇。一方面產量有增加，二方面題材也有所突破，懸疑驚悚、家庭倫理、都市生活，軍事訓練等題材都能入鏡，讓人看到了電影與電視作品的新意。代表電影有2006年的《荒村客棧》、2007年的《第19層空間》、2008年《戀愛前規則》；電視劇則有2005年的《亮劍》、2006年的《向天真的女孩投降》、《夜雨》，2007年的《雙面膠》、《成都，今夜將我遺忘》，2009年的《蝸居》（詳細作品表請見表十三）。由於改編網路小說成本不高，一部網路小說版權費甚至只有知名編劇編寫一集電視劇的價格，中等知名度的小說售價僅十幾萬左右，加上原有讀者群仍然是影視作品的收視率另類保

證，在這兩個因素之下，以網路小說為題材的影視作品數量迅速
累積。

表十三　中國大陸網路小說影視改編發展期作品表（2004年～2009年）

時間	網路小說	作者	影視作品	類型
電影				
2005	《你説你哪兒都敏感》	西門	《一言為定》	情感
2006	《荒村》	蔡駿	《荒村客棧》	恐怖
2006	《天亮以後不分手》	小怪	《天亮以後不分手》	愛情
2007	《地域的第19層》	蔡駿	《第19層空間》	懸疑
2007	《成都，今夜請將我遺忘》	慕容雪村	《請將我遺忘》	情感
2007	《三岔口》	周德東	《門》	懸疑
2007	《我和一個日本女生》	抗太陽	《意亂情迷》	愛情
2007	《談談心、戀戀愛》	棉花糖	《談談心、戀戀愛》	愛情
2008	《誰説青春不能錯》	何小天	《PK.COM.CN》	青春
2008	《和空姐同居的日子》	三十	《戀愛前規則》	愛情
電視劇				
2004	《詛咒》	蔡駿	《魂斷樓蘭》	懸疑
2004	《蝴蝶飛飛》	胭脂	《蝴蝶飛飛》	偶像
2005	《愛上單眼皮男生》	胭脂	《愛上單眼皮男生》	偶像
2005	《愛你哪天正下雨》	胭脂	《愛你那天正下雨》	偶像
2005	《亮劍》	都梁	《亮劍》	軍旅
2005	《愛，直至成傷》	棉花糖	《我的功夫女友》	偶像
2006	《向天真的女生投降》	冷眼看客	《向天真的女生投降》	勵志
2006	《給我一支煙》	美女變大樹	《夜雨》	情感
2006	《談談心戀戀愛》	棉花糖	《談談心戀戀愛》	愛情
2007	《成都，今夜請將我遺忘》	慕容雪村	《成都，今夜請將我遺忘》	偶像
2007	《會有天使替我愛你》	明曉溪	《會有天使替我愛你》	偶像
2007	《雙面膠》	六六	《雙面膠》	家庭

2008	《王貴與安娜》	六六	《王貴與安娜》	家庭
2008	《我的美女老闆》	提刀 狼顧	《我的美女老闆》	偶像
2009	《蝸居》	六六	《蝸居》	家庭
2009	《和美女同事的電梯一夜》	趙趕驢	《趙趕驢電梯奇遇記》	愛情

資料來源：王婭楠（2014），頁7；王麗君（2013），頁10；孟豔（2013），頁41-43。

三、網路小說影視改編成熟期（2010年迄今）

　　2010年之後，網路小說影視改編已是百花齊放，甚至掀起所謂「文學改編影視的第二次浪潮」。人氣網路小說此時紛紛躍登螢光幕上，成為電視台跟電影公司收視率與票房的主要倚仗（孟豔，2013）。以改編電影為例，2011年《失戀33天》創造了電影票房的成功後，越來越多影視公司將目光投向網路尋找劇本跟故事。2013年，辛夷塢小說《致我們終將逝去的青春》由趙薇執導，同名電影票房大賣，近期則有《何以笙簫默》和《左耳》被改編為電影。

　　改編電視劇更是目不暇給，2010年的《和空姐一起的日子》、《美人心計》、《來不及說愛你》、《我是特種兵》，2011年的《傾世皇妃》、《千山暮雪》、《裸婚時代》、《步步驚心》，2012年的《後宮甄嬛傳》，到了2015年，網路小說改編熱潮仍持續洶湧，《花千骨》、《瑯琊榜》、《盜墓筆記》紛紛登上電視螢光幕。其中聲勢最強的，仍屬《後宮甄嬛傳》，該劇是2012年中國電視節目收視冠軍，在臺灣播出時，收視率也大勝其他同時段的戲劇與綜藝節目，並被臺灣電視台多次重播（詳細作品表請見表十四）。

表十四　中國大陸網路小說影視改編成熟期作品表（2010年迄今）

時間	網路小說	作者	影視作品	類型
電影				
2010	《我的美女老闆》	提刀狼顧	《我的美女老闆》	愛情
2010	《山楂樹之戀》	艾米	《山楂樹之戀》	愛情
2011	《失戀33天》	鮑晶晶	《失戀33天》	愛情
2011	《遍地狼煙》	李曉敏	《遍地狼煙》	抗戰
2012	《請你原諒我》	文雨	《搜索》	寫實
2012	《愛誰誰》	森島	《愛誰誰》	愛情
2013	《致我們終將逝去的青春》	辛夷塢	《致我們終將逝去的青春》	青春
2015	《何以笙簫默》	顧漫	《何以笙簫默》	愛情
2015	《左耳》	饒雪漫	《左耳》	愛情
電視劇				
2010	《和空姐同居的日子》	許悅	《和空姐一起的日子》	青春
2010	《未央、沈浮》	瞬間傾城	《美人心計》	古裝
2010	《泡沫之夏》	明曉溪	《泡沫之夏》	青春
2010	《佳期如夢》	匪我思存	《佳期如夢》	都市
2010	《最後一顆子彈留給我》	劉猛	《我是特種兵》	軍旅
2010	《特戰先驅》	狙擊手	《雪豹》	軍旅
2010	《一一向前衝》	王芸	《一一向前衝》	勵志
2010	《千山暮雪》	匪我思存	《千山暮雪》	情感
2010	《碧甃沉》	匪我思存	《來不及說我愛你》	情感
2010	《酒醒》	文雨	《苦咖啡》	都市
2011	《傾世皇妃》	慕容煙兒	《傾世皇妃》	古裝
2011	《夢回大清》	金子	《宮鎖心玉》	古裝
2011	《錢多多嫁人記》	人海中	《錢多多嫁人記》	情感
2011	《步步驚心》	桐華	《步步驚心》	穿越
2011	《裸婚——80後的新結婚時代》	月影蘭析	《裸婚時代》	都市

2012	《後宮甄嬛傳》	流瀲紫	《後宮甄嬛傳》	古裝
2012	《浮沈》	崔曼莉	《浮沈》	職場
2012	《婆媳拼圖》	仇若涵	《瞧這兩家子》	家庭
2013	《小人難養》	宗昊	《小人難養》	都市
2013	《盛夏晚晴天》	柳晨楓	《盛夏晚晴天》	偶像
2014	《杉杉來吃》	顧漫	《杉杉來了》	愛情
2014	《何以笙簫默》	顧漫	《何以笙簫默》	愛情
2014	《仙俠奇緣之花千骨》	fresh 果果	《花千骨》	玄幻
2014	《盜墓筆記》	南派 三叔	《盜墓筆記》	盜墓
2014	《大漠謠》	桐華	《風中奇緣》	古裝
2015	《大漢情緣》	桐華	《大漢情緣之雲中歌》	古裝
2015	《芈月傳》	蔣勝男	《芈月傳》	古裝
2015	《瑯琊榜》	海宴	《瑯琊榜》	古裝

資料來源：參考王婭楠（2014），頁7；王麗君（2013），頁10；宋嬌（2013），頁6；
孟藍（2013），頁41-43，並自行補充2014至2015年之資料。

　　2012年盛大文學賣出的小說改編權達到一千部以上（馮海超，
2013），主要原因除了電視劇產業生產量增加，帶動網路小說改編
權的銷售外，跟盛大文學積極加強影視版權開發的動作有關。2009
年起，紅袖添香直接在網站上設置影視製作專欄，推薦適合改編的
作品。2012年8月，紅袖添香與旗下作家涅槃灰、柳晨楓、殷尋、
三千寵、冰藍紗參加上海書展中的網路小說集中推薦，網路小說的
版權市場行銷漸漸升溫（飯飯，2012）。2012年10月，盛大文學在
北京召開「文學改編影視的第二次浪潮」的論壇，並向現場的影
視製作公司與導演，推薦三十部適合改編成影視劇的五星級網路小
說（李韶輝，2012.11.05）。2013 年5 月，在深圳的文博會，「起

點」首次以現場競價拍賣方式，公開標售白金作家血紅、辰東、月關、骷髏精靈、天使奧斯卡、耳根等人的原創作品（韓浩月，2013）。2014年盛大文學舉辦的「網路文學遊戲版權拍賣會」，拍賣六部網路小說的遊戲開發版權，總金額達二千八百萬人民幣（廖雅雯，2015.05.18）。

第三節　網路小說影視改編受歡迎的原因

對於中國大陸網路小說的影視改編為何受到歡迎的原因，研究者看法大同小異。謝宏娟（2011）以為，網路小說的高人氣、高度生活化的特徵、與受眾的互動參與、後現代的話語邏輯乃是主要原因；房麗娜（2013）認為網路小說多元新奇的類型化發展模式，以及帶有遊戲色彩的敘述是主因；而王婭楠（2014）則指出，改編電影會受歡迎是因為類型題材豐富、特殊的創作群體和讀者群體、互動型、交叉式的傳播方式、流行個性的語言風格，改編電視劇則是因為能接地氣、影像與文字的和諧互補、主題風格靈活而受追捧。

根據這些意見，本文繼續以高人氣、接地氣、題材多元、互動性、敘事節奏以及高性價比[4]六個原因，說明中國大陸網路小說影視改編為何受到歡迎。

---

[4] 英文capability/price的翻譯，大陸常用以形容一種產品在性能與價錢上的比值，若性價比高，表示產品相當物超所值。

第一，高人氣。相較於沒有經過大範圍測試就投入市場的電視劇本，網路小說滿足了影視業者對於優質且快速的劇本生產要求。能搬上電視的網路小說在網路連載階段，就經過了網路用戶點擊率的洗禮，具有讀者基礎（王麗君，2013）。原創文學網站的點擊率，是許多影視業者覬覦的資源，因為點擊率背後代表「網路小說讀者」，若是能將「點擊率」轉換成「收視率」、「票房」、「玩家數」，產生所謂的「跨邊網路效應」就更理想。這種簡單的逐利動機，將影視業者導向網路小說，因為拍攝電視劇、電影需要龐大資金，所以選擇受歡迎的小說進行改編成電視劇、電影，更可以確保商業利益安全實現。此外，網路小說的人氣跟知名度，為市場行銷提供話題跟關注基礎，為電影跟電視劇做了良好的前期宣傳。網路作家匪我思存的官方網站，其註冊粉絲在2012年時就有近八萬人，這相當於一個一線電視明星的粉絲群人數，儘管改編自匪我思存小說的電視劇《佳期如夢》的惡評如潮，但實際的收視率卻相當高（謝瑩、蔡騏，2012：64）。

　　第二，接地氣。接地氣就是貼近社會、貼近生活、貼近一般群眾。網路小說的平民化、青春化、趣味化，讓他們改編後容易找到賣點，換言之，網路小說有強烈的當下性，相比之下純文學比較無法滿足電視劇或電影，想要立刻反映社會現狀變化快速的實際需求。

　　第三，題材多元。網路小說作為劇本的素材庫，能夠為影視業者提供數量龐大且題材廣泛題材選擇性，針對不同的觀眾群體，滿足不同觀眾的要求。尤其近年來，中國影視界的「劇本荒」愈演愈

烈，即便中國廣電總局每年以三千萬獎金徵求原創劇本，但原創劇本依舊缺乏，而網路小說的題材五花八門，從玄幻到武俠、從言情到勵志、從職場到家庭應有盡有，尤其宮廷、豪門、都市家庭、情感等題材，是現代人喜歡的類型，有非常好的改編適應性，改編難度小、戲劇化程度高、衝突激烈，天生就具備影視改編的良好潛質，對於製作單位和影視投資方而言，正是優秀的「糧倉」。

第四，互動性。典型網路小說是在與讀者的互動之下寫出的作品，比起傳統小說擁有固定的部分讀者，網路小說還未被出版就能得到來自讀者的回饋，並將回饋資訊最大化程度利用，這種溝通和互動，使得作者和讀者之間形成了非常穩固的默契關係，為接下來影視劇改編贏得群眾基礎（吳琰，2011）。

第五，敘事節奏快。網路小說為了要吸引讀者，幾乎每隔幾章就設置一個懸念，十幾章就得有一個小高潮，時時令讀者處在懸念編織的漩渦中難以自拔，即使情節再失真跟俗套，也要快速地製造矛盾衝突，就算會影響到故事的真實性也在所不惜。網路小說對故事情節的設置卻恰恰迎合影視作品的需要，尤其是電視劇的特性，以往一些優秀的傳統小說，可能故事情節的設置較平淡，所以較難滿足電視劇在劇情安排上的需求，電視劇製作公司反而對網路小說的改編更加青睞，這也是網路小說與電視劇的聯姻成效特別顯著的原因之一。

第六，高性價比。與傳統小說相比，網路小說目前還相對「物美價廉」，具有性價比的優勢。網路小說因入行門檻低，業餘寫手

人數眾多，只要作品的點擊率夠高，就能一躍成為作家，小說改編權價格也是十分便宜，早期一部知名度中等的網路小說版權費在二十萬元到五十萬元間，僅相當於一部熱播電視劇的單集價格。近期雖然版權費看漲，高性價比仍讓影視業者趨之若鶩。

第四節　網路小說影視改編面臨的問題

網路小說影視改編雖然受到市場歡迎，但後續問題也一一浮現。謝宏娟（2011）認為改編電視或改編電影在題材選擇時一窩蜂、製作水準粗糙、改編者身分的不明確等，是目前業內的隱憂；房麗娜（2013）分析整個影視改編風潮時指出，泛娛樂化弱化對藝術價值追求、題材同質化少有新意、改編前後風格水準失衡，都是產業面臨的困境。

網路小說畢竟不是真正的劇本，所以在改編成電影或電視劇之前，需要職業編劇進行二次創作，事實上，有許多當紅網路小說其實不太容易被改編成衍生作品，盛大文學的小說閱讀網主編戴日強就談到這種情形，他認為一般而言適合改編的小說往往需要具備四個條件：

（一）作品具備改編的文本價值，包括作品呈現的畫面感、故事本身的邏輯性、故事的線索搭配等，好故事是王道，這點最為重要。

（二）需要一個非常強大的創意支持，影視公司比較看重小說

的創意，包括整個框架和題材是否新穎。

（三）要考慮到可操作性，一些外太空的科幻題材在操作上就
　　　不太現實。

（四）集中體現在人氣方面，這是網路小說得天獨厚的優勢，
　　　如《步步驚心》還沒上映就有百萬粉絲開始等候和宣傳。

　　目前中國大陸網路小說影視改編的現代題材，主要以青春偶像
劇、都市職場情感劇、家庭倫理劇、主旋律為大宗，而古代題材的
網路小說影視劇則集中在歷史和古裝、穿越三類（王穎，2013；王
麗君，2013）。至於在網路小說中佔相當大宗的玄幻類，則因為電
腦動畫等技術要求難度高，所以作品數量仍少，例如驚悚玄幻小說
《鬼吹燈》系列，雖然傳出有投資方想拍攝電影，但實際改編進度
延長不少。

　　網路小說除了在改編難度上的考量外，還面臨內容同質化的干
擾。同質化表現在語言同質化、故事模式化、主題單一化上。其實
網路小說本身就經常有一窩蜂傾向，結果影視改編也出現類似情
況，電視劇一窩蜂的搶拍某類網路小說題材，也引起廣電主管機關
的干預，2011年底中國廣電總局發布自2012年1月1日開始，各家衛
星電視的黃金強檔禁止播出宮鬥劇、穿越劇等四類劇集，並在2012
年10月之前不再接受批准以上題材劇集的立項申請。之後，廣電總
局又針對抗戰劇雷人、過度娛樂化的現象，責令各電視台對抗戰
劇進行修改或停播（孟豔，2013：40）。看來要解決網路小說影視
改編面臨的上述問題，除了素人寫手得學會能夠說出更好的故事

之外，業界編劇則要努力拋開產業的舊包袱，尋找新題目並跳脫
窠臼。

第五節　網路小說影視改編的在地模式

　　2013年之前，推動網路小說影視改編商品最賣力的公司，首推
盛大文學公司，但盛大文學在版權交易市場的實際獲利卻相當有
限（孫冰，2013）。2011年盛大文學版權交易的收入僅三千萬人民
幣，只佔該年度集團總營收的4.3%，2012年盛大文學總營收雖然
增加128%，但版權交易也只佔總營收的5%，成長幅度有限（張小
平，2013），當時市場人士擔心，盛大文學的全版權經營績效，有
被過度誇大與期待之嫌（徐婷，2012.3.3；陳潔，2012）。

　　由於網路小說是以文字素材為主，小說如果要被其他媒體採
用，勢必要經過多道加工，或者經過再創作程序，才能使智慧主原
料的價值顯現。過去盛大文學以原始狀態的網路小說版權來銷售，
後來發現，光是拍賣小說開發權利，售價並無法大幅提高，為了提
高網路小說的交易價值，盛大文學把腦筋動到網路小說的二次加工
上，包括成立編劇公司進行版權深加工，與網路小說作家個人跟影
視業者一起合作開發衍生內容。

　　網路小說改編成影視劇，不單涉及影視公司拍攝、製作問題，
還涉及改編創作、版權歸屬等問題。有人認為，好編劇的條件是不
亂改作者劇本，才可能有好劇本，但電影跟電視劇是在限定的時間

篇幅內，對人物、情節、戲劇衝突的展開，因此要將鬆散的網路小說改編成情節衝突集中的電視劇，勢必需要刪減跟融合很多情節元素（吳琰，2011）。但若要讓「粗糙有趣」的故事，轉化成商業和口碑雙贏的作品，在劇本細節上進一步的打磨，勢必不可少。折衷方式之一，或許可由原創文學網站指導小說作者，促成他們與影視製作方的合作，為小說日後的影視改編做好前期準備，讓網路小說能更好地與劇本銜接。理想狀態下，如果網路小說業者能夠在版權上進行深度挖掘的整套工程，影視公司買斷小說版權後就不需要花錢再請專門編劇進行改編，或者更動的負擔減少很多，這樣一來，除了能替影視業者節省成本，網路小說業者還可往影視產業界延伸，成為影視節目原著與編劇的雙重供應商。

有這種想法之後，2013年4月盛大文學宣布將成立中國大陸第一家編劇培訓公司「盛大文學編劇公司」，盛大集團預計投入十億人民幣，協助編劇公司開展業務。根據當時盛大文學CEO侯小強描述，這十億元將用在簽約編劇作品的投資拍攝、為簽約編劇提供生活與創作方面的保障、為優秀的工作室提供國內外的培訓服務、直接與本地以及好萊塢一流編劇、導演面對面學習交流，冀望建立一套屬於本地的編劇培訓及經紀機制（張小平，2013）。

盛大文學的如意算盤，是從旗下一百六十萬名網路寫手大軍中，吸收編劇種子打造成編劇團隊，然後再透過經紀業務，替這些編劇主動接洽案件，最終幫助他們走上職業化編劇道路（韓陽，2013；傅若岩，2013），但這套借鏡好萊塢編劇工會中的體制，最

終並沒有付諸實踐，自從新聞發布之後，盛大文學編劇公司就再也沒有進一步行動（清楠，2014.1.7），等到盛大文學高層人事異動後，編劇公司計畫宣告胎死腹中。

　　成立編劇公司構想雖未成功，但開發網路小說版權的行動並未告停，盛大文學以另一種方式出擊，希望掌握主動，也就是由原創文學網站、影視公司與網路小說作家三方，形成一種合作機制，透過分工方式，將作品搬上螢幕。舉例來說，《愛上單眼皮男生》作者胭脂，親自擔任電視劇的編劇；《和空姐同居的日子》作者許悅（筆名三十），參與了電視劇劇本的改編（馮雲超，2013）；蘇有朋執導的電影《左耳》，原著小說作者饒雪漫自己擔任電影編劇；《何以笙簫默》作者顧漫，也堅持自己參與電視劇改編。另外，為了讓網路小說更具有可改編性，為影視改編儲備更多素材，原創文學網站如晉江文學城、紅袖添香、小說閱讀網等，紛紛成立「版權頻道」或「出版影視」專區，強力推薦最具影視改編潛力作品，將網路小說與影視改編捆綁在一起，影視業者持續邀請網路寫手（例如鮑晶晶、流瀲紫）擔任編劇，進一步拉近兩種產業之間的距離（孟豔，2013）。

第六節　結語

　　從最初的小眾文學，蛻變成兼具互動開放性的大眾流行文學，再變身炙手可熱的娛樂產業鏈基石，不少人擔心，網路小說是否會

因為「影視化」、「遊戲化」、「動漫化」，而變成一種專門替影視、遊戲、動漫改編量身訂做的定向創作。例如天下霸唱在動筆寫《迷蹤之國》前，就與多位影視製作人溝通過，最後為了符合影視改編需要，用探險性情節替代了恐怖靈異內容，因為這樣更有利於作品在改編為影視劇本時少走冤枉路（馮雲超，2013）。許多遊戲公司已經直接找上網路寫手，僱請他們以編寫新遊戲腳本的方式創作新小說（張曉潔，2012）。影視製作公司裡也有員工專門去負責網路小說的挑選工作，或者是與成熟的網路寫手直接合作，在小說創作初期就開始以電影策劃標準進行量身打造（王婭楠，2014）。

這種依附趨勢，會不會加速讓網路小說成為影視和遊戲內容的「原料」，從而造成網路小說本身在寫作個性跟技巧上的邊緣化，確實值得關注。況且，網路小說過度依附其他產業的結果，也可能落得兩面不討好，例如改編自人氣網路小說的手機遊戲，卻在手機遊戲的排行榜上跌落至一百名以外；幾部專門為改編而量身創作的網路小說，無論是在點擊率或訂閱數量上，也都出現低迷的慘況，這也說明，中國大陸網路小說在積極推動一源多用的模式之際，不能夠盲目跟從衍生市場的需求，造成捨本逐末。

長遠來看，網路小說衍生內容的開發品質，很大程度取決於內容本身，唯有一個優質文本（人物、故事、世界觀），才能讓後續內容（影視、遊戲、動漫畫）以此為基礎進行二次、甚至多次開發，唯有回到網路小說的原創性和探索性的原點，確保「孵化器」生出優質內容，網路小說的衍生內容市場才能夠長久經營。

第十章

結論

第一節　研究發現

　　本書採取文化產業取徑的理論觀點，將網路小說置於商業化、政治化、版權化三個發展過程下觀察，並從主要科技、組織與創意自主權、文化產製在經濟與社會的位置、企業所有權及結構、文化作品及其報酬五個面向，分別對臺灣、日本、韓國、中國大陸四地網路小說產業進行研究，因為這四地的網路小說產業不但地理位置接近、文化接近性高，在發展脈絡、作者背景、作品交流性、對影視文化的影響上，都有雷同之處。以下針對各面向的研究發現，逐一解釋說明。

一、亞洲網路小說產業的變遷

　　從主要科技面（第三章到第六章前半段），檢視商業化過程下的亞洲四地網路小說產業，可以發現網路空間很早就成為臺灣、日本、韓國、中國大陸四地民眾，創作與閱讀網路小說的舞台。整體而言，四地網路小說文化的源頭都起自BBS時期，其後隨網路小說風氣蔓延，事業體系也各有差異，臺灣網路小說產業的發展可分為BBS小說故事板時期、去中心化時期、原創小說網站時期；日本網路小說產業發展分為BBS時期與手機小說時期；韓國網路小說產業發展分為BBS文學板時期、聊天室時期、商業網站時期、行動平台

時期；中國網路小說產業發展則分海外網路文學期、網路文學萌發期、原創文學網站發展期、全版權運營期。網路小說產業的規模，自原創文學網站出現之後，體制才較為完備，經營也較有自我特色。

二、網路小說產業的商業化及其影響

　　從組織與創意自主權面向（第三章到第六章前半段、第七章），檢視商業化過程下的亞洲四地網路小說產業，可以發現商業模式的不同，是造成網路小說產業產生差異的關鍵因素，尤其是付費閱讀模式導入是否成功，很大程度會影響產業規模大小。網路小說產業如果僅憑創作者燃燒熱情、經營者燃燒理想，卻缺乏具體可行的商業模式，絕對無法長期生存發展，不過商業模式一旦成形，反過頭來，也開始會對網路小說文化產生主導性的作用，兩者之間是一體兩面的依存關係。

　　臺灣的網路小說雖從在BBS小說故事板時期孕育大量創作動能，但卻因沒有更具體的商業模式奧援，無奈之下，寫手只能選擇實體出版作為出口，導致網路小說產生所謂的「去網路化」，網路小說的連載文化與讀寫互動精神也受影響而蕩然無存。後期POPO的出現，至少恢復了網路小說連載文化，讓讀寫社群可以在時間延續過程中測試作品。POPO原創市集是城邦集團子公司，城邦執行長何飛鵬在POPO創立之初，便希望透過POPO這樣的網路平台，

作為數位出版的管道，來聯合作家或想成為作家的人以及出版社，集結作家原創內容或出版社新書，讓網友付費購買閱讀。POPO所推出的「全網路出版模式」，希望將創作、閱讀與出版合為一體，一方面仿效中國大陸的原創文學網站，再加入臺灣的線上出版元素，成為一個集合線上創作、線上閱讀、線上出版的平台。比起其他亞洲原創文學網站，POPO平台更強調出版部分，這也突顯了臺灣網路小說的付費閱讀制度推行難度高，平台經營者必須在付費閱讀收入有限的情況下經營，所以必須結合母集團的資源以求發展。此外在「全網路出版模式」中，POPO也扮演「經紀平台」的角色，媒合旗下作品至影視產業。

日本的手機小說無論在寫作、文體、閱讀方式、閱讀人口特性上，跟其他三地都有明顯差異（宋剛，2011、奚皓暉，2013）。日本是一個講求集團性、秩序性的國家，整個社會都體現出一種令人不可思議的高度服從性與一致性，對許多日本青少年，尤其是初、高中女生，通過文字向別人傾訴，再從別人文字那裡找共鳴感，成為簡單實用的情緒調節方式。手機小說符合日本年輕世代的需求，同時在魔法島嶼等業者的力挺下，走過極為風光的一段時間，甚至手機小說也逐漸得到一般讀者認同與接受，成為比較穩定的文學形式。2011年魔法島嶼被「角川集團」併購，跟POPO原創市集一樣，成為大型出版集團旗下子公司。魔法島嶼網站對創作者提供免費網路發表空間，平台則扮演經紀角色，執行發掘、包裝以及推廣手機小說的新人與作品來獲利。每年還定期跟每日新聞社、Starts

出版社共同舉辦「日本手機小說大賽」以找出人氣新人跟作品。但手機小說熱潮的中斷，難免讓人擔憂手機小說將逐漸退出大眾視野，在這過程中，以魔法島嶼為代表的手機小說網站業者，為了尋求更多用戶加入，積極嘗試開發部落格等新區塊，內容上也不再限定於文學範圍，而是增加旅遊、美食、時尚、占卜以及生活類排行榜。

在2013年Naver未成立原創文學網站之前，韓國網路小說網站的冠軍是Joara。Joara採取付費閱讀制度的商業模式，特色是作品在網站上分區收費，例如Noblesse區是採時間制的付費閱讀區；Premium區可以讓讀者選擇自己想看的章節，按字數付費；Romance & BL區則是針對女性讀者開設；完結作品區是連載作品和Noblesse作品裡完結的小說。從這樣的設計可以看出，韓國網路小說網站的付費制度十分彈性化，讀者可以依時間或字數選擇不同的付費方案（金珍玲，2012.02.02）。除了付費閱讀，Joara也跨入遊戲、電影劇本開發、影像製作等領域，朝多角化經營邁進。Joara以及其他韓國原創文學網站，是許多韓國業餘素人作家的創作樂園，由於有網站以及企業的支助，以及彈性化的付費閱讀機制，參與創作的寫手受到激勵，能夠維持較長時間寫作。近年來，韓國網路小說產業除了一般網路付費閱讀外，也積極導入智慧型手機APP付費閱讀方案，種種措施，都使韓國網路小說文化呈現正向發展。

中國大陸的起點中文網早在2003年就開始實施線上付費閱讀制度，稱為VIP會員制。「起點」將每部網路小說內容分為免付費公

眾章節與付費VIP章節,連載前期,公眾章節開放給所有讀者免費閱讀,中後期開始,只有付費會員才有權限閱讀。VIP的訂閱收益部分歸網站、部分歸寫手,會員用戶還可以打賞作者跟給票鼓勵,相當有趣。以起點中文網為代表的中國原創文學網站,確實創造了一個繁榮的網路小說生態圈。這些平台以按字計酬的方式穩定了網路小說的生產源頭,再透過作品類型化策略降低新進作品失敗的可能性,讀者替作品排行也顯著的提高了作者與作品的知名度。但這個平台生態仍有基本的隱憂存在,因為網站僅依靠量化指標來評斷創作效益,使網路小說始終擺脫不了急功近利與重量不重質的毛病,這有待原創文學網站在經營上的突破跟調整。

整體而言,中韓原創文學網站以付費閱讀作為主流商業模式,臺日原創文學網站,則是採虛實整合,先從網站發現潛力高的人氣小說,再進攻實體書市。

四、網路小說產業的政治化及其影響

從文化產製在經濟與社會的位置面向(第六章後半段),檢視政治化過程下的中國大陸網路小說產業,可以發現隨著中國大陸網路小說產業的快速成長,中國網路小說的文化影響力日漸重要,中共於是開始將網路小說納入整體網路言論控管的範圍,要求網路小說創作者,跟原創文學網站,須配合中國網路言論審查的指導意見,在一連串「掃黃打非」的淨網行動後,大型原創文學網站紛紛

主動建立審讀系統展開自清。另一方面，中國官方作家協會也積極收編民間創作力量，除了吸納知名網路寫手成為作家協會的委員暨立標竿，還透過教育體系以正規課程訓練寫手熟悉寫作規範與尺度。在中共網路言論管控與網站自清之下，受影響的網路寫手不是謀求寫作轉型，就是避免觸碰具有政治敏感性的題材，或者具有爭議性的內容。整體來說，中國網路小說產業，從原本崇尚自由，強調心靈寫作，已轉向嚴密自我審查的文明化、規範化的安全寫作道路。

五、網路小說產業的版權化及其影響

從企業所有權及結構以及文化作品及其報酬兩個面向（第八章與第九章），檢視版權化過程下的中國大陸網路小說產業，可以發現當網路小說市場開始以版權為主要的交易商品後，相關企業所有權及市場結構出現明顯的集中化。以盛大文學為例，該公司於2008年起，陸續併購多家原創文學網站控制大量小說版權所有權，再整合虛實出版通路掌握小說版權交易網絡，最終實現一個集網路小說版權生產與銷售一體的「網路小說全媒體」。集中化的好處，是使盛大文學可藉由決定何時與何處流通網路小說內容讓利益最大化，不過這種壟斷也引來批評，包括強勢收購多家原創文學網站，引發擔心原創文學市場淪為一言堂；全面控制版權，升高盛大文學跟旗下文學網站，以及與作家之間的緊張關係；而明星作家身價與版權的水漲船高，不但讓作家收入兩極化，寫手爭奪戰在原創文學網站

間越演越烈，作家跳槽與挖角屢見不鮮。

第二個變化是網路小說作為文化產品，快速成為文化與娛樂產業一源多用的智慧主原料。由於中國大陸網路小說本身具備高人氣、接地氣、題材多元化、互動性、敘事節奏快速以及高性價比等特色，使網路小說IP成為影視、遊戲與動漫畫業爭相競逐的商品。為了提高網路小說附加價值，盛大文學積極推動網路小說的二度創作，並邀請作家、影視業者一起參與版權的開發。但網路小說IP開發速度快也造成不少後遺症，包括改編作品題材選擇的一窩蜂、作品製作水準粗糙、改編者身分不明確等問題，有人擔憂，過度依附其他產業，將使得網路小說變成影視劇和遊戲的「原料」，使網路小說本身的個性和技巧，在依附過程中被邊緣化。

第二節　研究反思

網路小說的發展經常面對各種批評，特別是來自文學陣營的批評最為嚴厲，但這類批評有不少盲點待釐清。此外，網路小說產業建構的生態，對於亞洲出版產業帶來的啟發，也在此一併提出反思。

一、對網路小說批評的反思

網路小說作者的創作目標，跟過去印刷世代有極大差異性，九把刀就認為網路的意義不在於產生好的作品，而是讓創作更加的平

民化（九把刀，2007）。平民作者追求的是自由寫作、崇尚娛樂精神，所以網路小說在寫作上，不追求嚴謹文筆或精巧結構，甚至也不傳達深度思想，而是強調「文以清心、網更動人」、凸顯「大眾文化、大眾生活、大眾文學」，把書寫比喻為一種「不穿鞋的奔跑。」這種看法也反應在自我認同上，許多素人作者不認為自己是文學作家，覺得自己只是進行「文字創作」而非「文學創作」。

　　網路小說究竟是文學創作還是文字創作的認知差異，產生許多爭議。中國大陸批評者就認為網路小說充滿匿名寫作，讓責任感弱化、根本就是速食文化與文字垃圾，寫手把網路小說當提款機，寫作只為了致富。臺灣的批評者也曾以「冰淇淋文學」、「泡沫書」來形容網路小說，認為網路小說普遍有生活面向窄化、寫作基本功不足、想像空間受到壓縮、小說取材大同小異的毛病（梁玉芳、鄭朝陽，2007.12.30）。日本傳統文學對手機小說更是口誅筆伐，代表文學正統的老牌文藝雜誌《文學界》，就曾以「手機小說想殺了作家嗎？」為題，探討手機小說作家對文學界造成的震撼（宋剛，2011）。

　　本研究對於這些爭議，有三點反思。首先，雅俗可以共存共賞。網路小說與正統文學兩者定位、角色完全不同，網路小說不論用字遣詞、創作流程，都跟傳統文學差異甚遠，所以兩者絕非競爭關係，因為網路小說根本不可能「趕走」傳統文學。網路小說取材多半來自個人生活經驗，只想傳達自己的生活態度而非闡揚文藝傳承，素人文筆或許大不如專業作者，故事情節也非緊湊無暇，但是

勝在創新，因此填補過去文學創作者比較沒能滿足的故事缺口；專業作者反而是去揣摩別人生活，題材有時反而顯得老舊。王國維在《宋元戲曲考序》曾說：「凡一代有一代之文學：楚之騷，漢之賦、六代之駢語，唐之詩，元之曲，皆所謂一代之文學，而後世莫能繼焉者也。」可見，每一個歷史時期，都會因社會環境的變遷，產生截然不同的文學形式。吳鈞堯認為，其實網路小說是整個網路時代生活型態改變下的演化結果，所以對網路小說並不需要帶著過度悲觀或負面的看法。從雅俗共存的角度來看，網路小說與傳統文學應該是共存的，而非取代性的。

其次，網路小說起碼讓亞洲年輕世代重新擁抱文字創作。因為網路小說讓每人都有機會成為作家，很多年輕人重拾文字創作興趣，成為新一代文字創作者。對於年輕人再度回到這個以文字為主的傳播介面，紅色文化出版社主編葉姿麟就心有戚戚焉：「我們曾經覺得1970年代末期、1980年代到1990年代的年輕人已經不會書寫了，他們不會寫作。可是網路這回事讓小孩子重新再開始寫東西，不管他的文體有多稚拙有多可愛，有多麼不合傳統文體，起碼他在開始書寫，這是網路造成的」（黃茂昌、廖明毅，2006）。作家張曼娟（1999：5）也認為：「我們不能不正視龐大而年輕的族群正在不斷滋生伴隨BBS站成長的一代，已由學校進入社會，成為三十歲的菁英，電腦不斷普及化的結果，將使上網路的年齡下降。那麼多人口在網路上，對創作與閱讀有需求，網路文學勢必成為一種主流。」

最後，許多主流文化都是從邊緣跟非主流開始。文字工作者兼網路觀察家吳鳴曾說：「所有的革命都是由小而大，由小河而成巨流」（轉引自馬萱人，1996.11）。很多對網路小說的批評，跟早期西方社會對小說、或者早期華人社會對報紙副刊開始刊登小說連載的批評，十分相似。十八世紀當小說文體開始出現時，有許多今天被視為經典的作品，在當時曾引發一陣道德恐慌（Erban, 2010）；在華文報紙的副刊開始獲得社會關注時，雖然大部分副刊連載小說品質不甚理想，但仍然出現像金庸小說這種深具文化深度的作品。詩人向陽也曾指出，網路文學未必就是庸俗或缺乏深度，網路上沒拘束，不必經過像平面副刊一樣的主流價值篩選，或許青年朋友能因此有更寬廣的空間，藉此樹立不同於以往的文學理念（林奇伯，2001）。任何優秀作品的誕生，都需要時機與等待，或許網路小說至今尚未誕生真正的大家，但來日方長，數位環境發展時間尚短，仍須耐心耕耘。

　　通俗與雅正之間的落差，有待時間彌平，雖然不能說贏得大眾喜愛的作品就是好的作品，但同時也不能斷言普遍流行的網路小說就一定品質低劣。武俠小說家溫瑞安在談到新網路文體時也曾說：「每個時代都有文藝發布和表達的新形式和新管道，我們不該抗拒，而該善加利用」（陳怡如，2012）。日本魔法島嶼編輯部部長草野亞紀夫也說：「很難說手機小說是不是文學，創造了手機小說的這一代人，能夠非常熟練地將手機當成交流溝通的工具來使用，那麼我們是不是可以將這種交流溝通本身，當成文學的一種形式呢？」（中村航、草野亞紀夫與鈴木謙介，2008）。

二、對未來出版產業的反思

臺灣出版人何飛鵬憂心「紙媒介不會消失，但會變成沒有經營價值的行業，而我們如果只立足在紙媒介，將會是人類紙媒介的末代工作者。」（滕淑芬，2010）詹宏志對臺灣出版業者的建議是：「數位世界有內容、有讀者，無論是否有出版者，出版已經開始了。我們應該反其道而行，從數位世界去尋找出版」（同前註）。作家隱地（2014.11.08）也感慨的說：「我們真的來到一個迷茫的十字路口，書籍顯然遇到一次新的驚天動地革命，鉛字沒有了，紙和筆即將消失，雲端，雲端，電子書的明天，全在虛無縹緲的雲端。」

《數位出版：未來主義者的宣言》的作者Hugh McGuire與Brian O'Leary（2013）認為，在出版業中，書籍轉移到數位格式只是第一個階段，第二階段是當所有東西都數位化之後，要思考影響範圍是僅限於部分的訂價或交付機制，還是根本上的重組。由於當前的出版業仍處在舊的典範未消逝、新機制尚未足夠成熟的新舊典範變遷過渡階段，許多商業流程的瓦解與重組仍在進行中，因此對於導入數位產銷的概念思考，正可以從網路小說生產與分配的個案經驗中找到啟發。

亞洲四地出版市場普遍遭逢內憂外患。於內，出版市場新書雖多，但業績卻不斷衰退，新書出版量不減反增，但買書人口逐年減

少，供過於求乃不爭之事實，這種結果導致一連串的排擠效應，包括通路及結帳的紛爭、退書率的攀升、實體書店的倒閉等，上述情況都反應出讀者口味多變、市場越來越小，出版業越來越辛苦（何飛鵬，2012；楊玲，2011；滕淑芬，2003）。於外，Amazon、Google等科技公司，跨界打破了傳統出版行規，以網路經營模式挑戰出版商、書店及公共圖書館。Amazon試圖想要取代書籍出版商和代理商的地位，直接出版並發行給讀者；Google則掃描圖書館舊有書籍，免費放在網路上。

出版業應該何去何從？或許這個答案仍然遙遠，但至少從網路小說產業的發展中，我們可以觀察到，網路小說市場的出現，證明讀者仍然存在，只是他們的喜好跟口味，出版業不見得能跟得上。過去一個標準世代的長度或許是十年，但現在一個網路世代的長度可能就是三年，若是以國高中生為主要讀者群，這群學生沒幾年就會換一批人，其興趣流行將會頻繁發生。網路小說市場因為跟讀者緊密互動，作者反而能夠更貼近的掌握讀者興趣的轉變。

其次，李衣雲（2011：169）在觀察漫畫產業時曾指出：「一個社會中藝術生產的常態，應是以自主的創作為主，因為由本土生產出來的創作，才應是最符合此地此時人群慣域的作品。」不管是在日本、韓國或中國大陸，網路小說都養成了大批的文字創作人才，這些原創作品等於為其他產業加分的養分。陳穎青，（2013.08.30）曾感嘆：「……暢銷的原創作品不足，最後的結果就是出版無法提供養分給知識圈、戲劇圈、文創圈，或任何其他需

要知識，需要故事的產業。……寫小說正是這種『一個人的火車頭』最便宜的文創源頭。」網路小說產業以網路為平台，培養大量本地創作人才的作法，更值得出版業參考。

第三節　限制與建議

一、研究限制
（一）本研究未分析之部分

　　本研究在商業化過程中，雖然對亞洲四地網路小說產業發展，進行了縱向整理，以求系統性呈現產業歷史變遷。不過受限於資料取得，在政治化過程與版權化過程的討論中，以及針對文化產製在經濟與社會的位置、企業所有權及結構、文化作品及其報酬三個面向的分析討論上，僅能以中國大陸為案例進行探索，例如在第七章中對於中國大陸起點中文網的分析、在第八章中對於中國大陸盛大文學集團的分析、在第九章中對於中國大陸網路小說影視版權的分析。而臺日韓三地，一來因為產業發展速度不一，二來是資料不足，所以未安排類似分析。

　　再者，本研究僅採用文化產業取徑理論的五個評估面向，對「文本」與「國際化與美國的文化貿易支配」兩個面向，並未進行任何討論。

　　最後，從傳播觀點來看，完整的網路小說研究應涵蓋傳播產製

者、文本與閱聽眾三者，本研究僅對產業歷史、產業組織、商業模式、版權運用部分進行探索，並未針對亞洲網路小說讀者對網路小說的接收與解讀、亞洲網路小說文本的敘事策略與類型進行系統性的耙梳整理。

（二）理論運用方面

儘管在第一章中，本研究對為何採取文化產業取徑理論作為理論觀點的理由已有說明，但理論上，文化產業的討論仍存在其他替代性典範可以參考，例如傳播政治經濟學、傳播產業經濟學、文化工業批判理論等，本研究均未能觸及，這些不同的產業理論體系，均可對網路小說產業研究帶來更多元化的成果。

（三）研究方法方面

因為牽涉較多產業歷史、產業組織的議題，故本研究主要採取歷史與文獻分析方法，輔以深度訪談法進行相關研究，並未採用其他的質化或量化研究方法蒐集與分析資料。

二、研究建議

網路小說的相關研究，除了有待更多研究者投入之外，還可以從其他不同角度出發，未來的研究可以針對以下幾個方向繼續進行：

（一）未來需加強之部分

　　首先，可針對臺日韓的網路小說產業進行橫向探索，尤其針對單一網站組織、公司或企業的運作，以個案研究方式進行內部觀察與分析。

　　其次，可以選擇臺日韓的網路小說產業進行版權化過程的探討。

　　再者，未來採取文化產業取徑理論者，應繼續就「文本」與「國際化與美國的文化貿易支配」兩個面向，對網路小說文本，以及網路小說的區域交流情形進一步討論。

　　最後，未來除了網路小說產業面的研究，也可以針對亞洲網路小說讀者如何接收與解讀網路小說、亞洲網路小說文本的敘事策略與類型等面向進行討論。

（二）理論部分

　　對於網路小說產業研究，未來也可以採用傳播政治經濟學觀點，從商品化與空間化的入口，對網路小說進行產業分析；或者採用傳播產業經濟學理論，針對產業中的市場結構、企業行為與經營績效進行瞭解。

（三）方法部分

　　針對網路小說內容與閱聽人，未來可以採用內容分析與問卷調查法進行研究；對網路小說經營者、經營組織，網路寫手，甚至網

路小說讀者與作者的互動情形，也可以採取質化的個案研究法、深度訪談法或觀察法來蒐集資料。

附録

附錄一　網路小說的第一種定義方式

來源	定義內容
McQuail（1994）	超文本文學（hypertext literature）係指透過網路科技及其技術創造出來的新文類，其與傳統媒介不同的特性包含：去中心化（decentralization）、高性能（high capacity）、互動性（interactivity），在形式、內容與使用上更具靈活性。
須文蔚（1998）	網路文學又稱為超文本文學或非平面印刷的文學，係指利用網路進行文學傳播，或將文字與動態網頁、動畫、超連結設計或互動書寫等形式整合，所創出的文學作品。
陳韻琳（1999）	網路文學分成四類，分別是網路媒體上發表的文學作品、文學作品中涉及網路傳媒內容的作品、透過網路媒體文本交織共同創作的文學作品、將網路傳媒文化當成世代文化的交替，在文學作品中呈現出網路特殊文化的人性與人心。
林淇瀁（2000）	廣義的網路文學（network literature）係指在網路上傳佈的文學，與其他媒介傳佈的文學，除了媒介改變外，本質毫無不同。而從文本的新形式來看，網路文學屬於超文本文學，係指透過圖像的運用、音樂的補助乃至網頁的互動變化，形成與單一文本相異的多媒體文本。
李順興（2001）	網路文學，或稱電子文學（electronic literature），大略可分為兩種：一是將傳統平面印刷文學作品數位化，而後發表於網站或張貼BBS文學創作板上；二是指含有非平面印刷成並以數位方式發表的新型文學，學術上慣稱為超文本文學（hypertext literature）。
Bolter（2001）	網路文學包含不同形式的互動小說，如超文本小說、短篇小說、互動詩（interactive poetry），而網路小說（hypertext fiction）已經成為超文本文學中最具代表性的一項。
Douglas（2001）	網路文學需要包含以下幾種要素，分別為：數位化、互動性、超文本或超媒體、多感官閱讀、敘事與文學

| 邱景華（2002） | 網路文學分成紙面文學的網路化以及網路原創文學。而網路原創文學，是指在網路寫作當中，形成與紙面寫作不同的藝術特質，以及利用網路特殊技術，創造出具多媒體功能的超文本。 |

資料來源：劉瑞啟（2011），頁5-6。

附錄二 網路小說的第二種定義方式

來源	定義內容
秦宇慧（2004）	廣義上來説，凡是在網路上傳播的文學作品均可稱網路文學；狹義上，文本涉及到的部分，需首發於網路上，並可在網路上流傳，在創作過程能得到讀者的反饋並可隨時修正其內容的文學作品，也稱作網路原創文學。
九把刀（2007）	網路小説是「作者在公開的網路空間中定期、或不定期發表未完成的小説。」
蔡智恆（2007）	網路小説是受網路文化薰陶的網路寫手甚至包括平面作家，在網路這新型態創作環境中，利用網路的特性（使用者互動性高且對話性強，訊息之接收大量、多元、迅速且訊息更新亦快），獨力或與他人通力完成（藉由互動與對話，讀者通常於創作過程中直接或間接影響作者的思路）之小説，完成之作品通常亦藉網路但並不限於網路流傳。
歐陽友權（2004）	網路文學是一種用電腦創作、在互聯網上傳播、供網路用戶瀏覽或參與的新型文學樣式。它有三種常見的型態：一是傳統紙介印刷文本電子化後上網傳播的作品，這是廣義的網路文學，它與傳統文學的區別僅僅體現在傳播媒介的不同；二是用電腦創作、在網上首發的原創性文字作品，這類作品與傳統文學不僅有載體的區別，還有網民原創、網路首發的不同；第三類是利用多媒體電腦技術和網路交互作用創作的超文本、多媒體作品（如聯手小説、多媒體劇本等），以及借助特定軟體自動生成的機器之作。
歐陽友權（2008）	通過網路傳播的文學（廣義）、首發於網路的原創性文學（本義）、通過網路鏈接與多媒融合而依賴網路存在的文學（狹義）。
陳定家（2011）	從作品的發表和傳播形式上進行區分，網路小説是以網路為基礎，網路作者發表供他人閱讀，此定義著重網路媒介上。
禹建湘（2014）	一種用電腦創作，在互聯網上傳播，供網路用戶瀏覽或參與的新型文學樣式。

資料來源：作者自行整理。

附錄三　日本手機網路小說研究的四種類型

研究類型	時間	書名	作者	出版社
手機小說的社會貢獻	2007.12	《大人讀的手機小說》	新力娛樂	ONBook
	2008.5	《手機小說活字革命論》	伊東壽朗	角川SS傳播
	2009.11	《用手機小說紀錄自己的歷史》	加藤迪男	日本地域社會研究所
手機小說的商業行銷	2008.2	《為什麼手機小說會暢銷》	本田透	軟銀創造出版社
	2008.2	《手機小說受歡迎的理由》	吉田悟美一	每日傳播
手機小說的作者	2008.12	《手機小說家》	佐佐木俊尚	小學館
手機小說的作品	2008.5	《手機小說的真實》	杉浦由美子	中央公論新社
	2008.6	《手機小說性》	速水健朗	原書房
	2008.6	《手機小說是文學嗎？》	石原千秋	筑摩書房

資料來源：宋剛（2011），頁109。

附錄四　韓國網路小說研究碩博士論文的三種類型

研究類型	碩博士論文內容
網路小說的文本特色	金振良（2000）是韓國漢陽大學國語文學研究所博士，他撰寫的《網路小說的敘事研究》，企圖找出一套分析BBS文學板上小說的敘事方式，探索出網路文學活動所代表的當代意義。金振良以「表演」（performance）跟「空間」（space）兩種概念來分析網路小說，「作者的表演」是指作者持續不間斷的寫作，針對讀者意見回覆、以及提供周邊資料等；「讀者的表演」則是尋找小說閱讀過程、透過觀賞或是以批判的方式介入敘事。至於「空間」包含三類，分別是BBS板面結構本身在視覺上的空間、故事發展方向結構和故事事件展開的空間、BBS看板的小說文本空間。金振良以奇幻小說為例，發現奇幻小說的故事結構，明顯的不同於一般文學的作品的進行方式，也讓網路小說的未來性更值得期待。
	朱琳琳（2008）是韓國外國語大學碩士，她撰寫的《韓中網路小說比較研究》，分析了中國大陸和韓國網路小說的發展過程。從各個時期的代表作品、敘事性、主體性、語言性、匿名性等特色的比較，她發現韓國和中國一樣，由於純文字早成的閱讀負擔較大，因此從2000年開始，80後作者在寫作時就經常使用表情符號或者同音字來增加閱讀趣味性。此外中國網路小說的主題比韓國網路小說更寬廣。而2000年之後，當韓國網路小說被翻譯成中文出版後，兩國網路小說在敘事上的共同點也有越來越雷同的趨勢。
	崔幀恩（2009）撰寫的《網路小說的口述文學特徵研究》，是中央大學文藝創作和文學創作學碩士論文。崔幀恩想理解網路小說的口語化特徵，進而發現作者如何將眾人的視線吸引到小說的問題。崔幀恩認為，在網路上讀者可以輕易地接觸到作品，作者和讀者可以透過留言回覆來進行溝通。此外，網路已經成為現今人類共同記憶的儲存場所，作品不會由單一作者所創作出來，而是由讀者和作者一起攜手協力創作出來。
	金煬圭（2010）是慶星大學國語教育碩士，論文《網路小說的定位研究》是想瞭解小說在網路環境中的變化、一般小說與網路小說的差異，以及網路小說的定位。金煬圭發現，網路小說和一般小說的差異，可以從敘事面、讀者主體、相互作用性，內容層

	面來區分，網路小説常以第一人稱寫作，喜歡透過表情符表現N世代文化，網路小説的主要作者及讀者們是N世代或是喜好N世代的人，一般小説的讀者不會參與作者的作品，但是網路小説會根據讀者參與而更改故事劇情。最後從內容來說，網路小説以科幻、奇幻、愛情為大宗，多以人物為中心展開內容。金燁圭認為，應正面看待網路小説的寫作，因為它可以拉近文學與大眾之間的距離，也可以將其視為文壇為了拉攏新世代讀者而產生的一種現象。
網路小説對青少年讀者的影響	鄭逸勇（2007）是仁川大學教育學院的國語教育碩士，其論文《網路小説的人物研究》，主要是批評網路小説人物過於負面的個性，會對青少年讀者有不良影響。他發現網路小説的人物通常會有過度開放的性觀念、與社會的疏離傾向、在語言及行動上的出暴力傾向、對於自我存在有強烈不安，小説人物也經常讓學校背負罵名。
	朱時恩（2009）則是忠北大學國語教育碩士，他所撰寫的論文《網路小説中出現的通信語言研究》觀察青少年對於網路小説使用之語言認知，以及網路小説語言對青少年生活產生的負面影響。朱時恩調查四百三十一位中學生後，發現高達97.5%的學生在網路上會模仿網路小説用語，91.6%的學生在日常生活中會使用網路小説用語。另外，調查的學生中，44.5%的人表示曾閱讀過網路小説，其中又有51.7%的人，表示網路小説中語言會對自己的語言與生活產生影響，而51.3%的學生表示曾出現小説內出現的錯誤字詞，且會與韓文中正確的字詞產生混淆的情況發生。朱時恩歸納，閱讀網路小説會對青少年在語言規範上的產生混亂，對學生在學習上產生妨礙作用，引起世代隔閡，對學生人格會有不好的影響。
網路小説的出版與改編市場	李恣媛（2006）是韓國外國語大學文化內容所碩士論文，她所撰寫的論文《代表文學內容製作來源的網路小説研究》從文創內容製作的角度觀察網路小説的特徵，並以網路小説改編電視連續劇的個案研究，分析網路小説的特徵如何在不同文本中被活用。李恣媛認為網路小説的文創價值來自兩方面，其一是網路小説的作者跟讀者常會因為具有類似感受而形成一個團體，這種團體甚至超越國籍及地區的距離，讓多數讀者可以認同其故事內容，這是網路小説作為文創源頭的基本特質之一。其二是網路小説故事本身有非常多樣的運用可能性。儘管社會上對網路小説仍抱有偏見，且不斷批評貶低，但隨著娛樂產業規模擴展，網路小説的價值將持續受到關注。

資料來源：作者自行整理。

附錄五　臺灣網路小說研究碩士論文的四種類型

研究類型	碩士論文
網路小說作者的創作動機、書寫行為與品牌建構	王凱（2003）。《成人參與網路文學創作經驗之研究》。高雄師範大學成人教育研究所碩士論文。
	陳致中（2003）。《網路文學創作者行為之初探研究》。中山大學傳播管理研究所碩士論文。
	朱恆燁（2007）。《我在虛擬人海中寫作：論網路小說的寫作經驗與作者──讀者關係》。政治大學新聞研究所碩士論文。
	呂慧君（2009）。《臺灣網路小說之呈現與發展》。彰化師範大學國文研究所碩士論文。
	魏岑玲（2010）。《臺灣當代網路小說研究（1996-2009）》。台北教育大學中國語文學系語文教學研究所碩士論文。
	周寫柔（2014）。《作家品牌的建構與經營》。世新大學傳播管理學系碩士論文。
網路小說文本的敘事與類型	廖秋瑜（2007）。《臺灣當代網路文學現況研究──以藤井樹作品為例》。花蓮教育大學語文科教學碩士學位班碩士論文。
	李冠興（2009）。《以敘事批評分析網路小說建構的宅男意象》。南華大學傳播學系碩士班碩士論文
	呂慧君（2009）。《臺灣網路小說之呈現與發展》。彰化師範大學國文研究所碩士論文。
	魏岑玲（2010）。《臺灣當代網路小說研究（1996-2009）》。台北教育大學中國語文學系語文教學研究所碩士論文。
	蕭怡君（2010）。《蔡智恆小說研究》。高雄師範大學國文學系碩士論文。
	蕭家秌（2013）。《九把刀情愛小說研究》。屏東教育大學中國語文學系碩士班碩士論文。
網路小說讀者的虛擬社群與迷文化	黃洛晴（2003）。《網際空間中虛擬社群的自我組構──以網路小說社群為例》。東海大學社會學系碩士論文。
	柯景騰（2004）。《網路虛擬自我的集體建構──臺灣BBS網路小說社群與其迷文化》。東海大學社會學系碩士論文。

	陳秀貞（2005）。《臺灣網路小說之文學社會學考察──生產、傳播、消費與社群的相互關聯》。佛光人文社會學院社會學研究所碩士論文。
	魏岑玲（2010）。《臺灣當代網路小說研究（1996-2009）》。台北教育大學中國語文學系語文教學研究所碩士論文。
	劉瑞啟（2011）。《繼續還是不繼續？網路文學作品持續閱讀與沉迷程度之影響》。中央大學資訊管理研究所碩士論文。
網路小說的發表平台	陳秀貞（2005）。《臺灣網路小說之文學社會學考察──生產、傳播、消費與社群的相互關聯》。佛光人文社會學院社會學研究所碩士論文。
	呂慧君（2009）。《臺灣網路小說之呈現與發展》。彰化師範大學國文研究所碩士論文。
	陳佳楓（2009）。《臺灣地區網路時代文學傳播研究》。南華大學出版與文化事業管理研究所碩士論文。
	吳萌菱（2012）。《從網路平臺發表看臺灣當代網路小說創作者發展》。靜宜大學中國文學系碩士論文。

資料來源：作者自行整理。

附錄六　中國大陸代表性的網路小說研究系列叢書

網路文學研究叢書名稱	叢書內容（作者／書名）
中國文聯出版社「網路文學教授叢書」（2004年5月）	歐陽友權《網路文學本體論》譚德晶《網路文學批評論》聶慶璞《網路敘事學》藍愛國、何學威《網路文學的民間視野》楊林《網路文學禪意論》
中國文史出版社「網路文學新視野叢書」（2007年12月）	楊雨《網路詩歌論》蘇曉芳《網路小說論》藍愛國《網路惡搞文化》著歐陽文風、王曉生《博客文學論》李星輝《網路文學語言論》柏定國《網路傳播與文學》
中國社會科學出版社「新媒體文學叢書」（2011年4月）	歐陽友權《數位媒介下的文藝轉型》歐陽文風《短信文學論》禹建湘《網路文學產業論》聶慶璞《網路小說名篇解讀》曾繁亭《網路寫手論》蘇曉芳《網路與新世紀文學》
中央編譯出版社「網路文學100叢書」（2014年6月）	禹建湘《網路文學關鍵字100》歐陽文風《網路文學大事件100》紀海龍《網路文學網站100》聶慶璞《網路寫手名家100》歐陽友權《網路文學評論100》曾繁亭《網路文學名篇100》

資料來源：作者自行整理。

附錄七　中國大陸網路小說產業研究碩士論文的三種類型

研究類型	碩士論文
原創文學網站研究	陳虹（2010）。《網路原創文學營銷傳播研究》。浙江大學傳播學碩士論文。
	方維（2011），《中國文學網站網路小說盈利模式研究》。上海社會科學院文藝學碩士論文。
	易真（2011）。《我國文學網站發展對策研究》。中南大學碩士論文。
	韓茜（2011）。《專業文學網站研究》。河北大學文藝學碩士論文。
	李靜（2012）。《原創網絡文學出版經營策略探析》。河南大學新聞學碩士論文。
	呂融融（2012）。《原創文學網站多元化經營的SWOT分析》。華中師範大學傳播學碩士論文。
	曾海純（2013）。《榕樹下文學網站經營研究》。湖南大學碩士論文。
	高雪（2014）。《我國原創文學網站競爭力評價研究》。湖南大學碩士論文。
網路文學集團研究	王祥穎（2010）。《網路媒體的全版權運營研究——以盛大文學為例》。復旦大學碩士論文。
	劉攀（2010）。《網路文學產業化發展模式研究——以盛大公司為例》。廣西師範大學文藝學碩士論文。
	于曉輝（2012）。《我國網路原創文學的出版研究——以盛大文學公司為例》。南京師範大學碩士論文。
	梁飛（2013）。《國內數位出版品牌傳播研究——以盛大文學為例》。廣西大學碩士論文。
	楊寅紅（2013）。《盛大文學全版權運營模式研究》。蘭州大學碩士論文。
	施晶晶（2013）。《新媒體產業的盛大文學模式——兼談文化科技融合創新的規律》。上海社會科學院碩士論文。

	李慶雲（2014）。《網路文學出版經營管理研究——以盛大文學為例》。安徽大學碩士論文。
網路文學的影視改編	謝宏娟（2011）。《中國網路小說影像改編作品研究》。南京藝術學院碩士論文。
	房麗娜（2013）。《網路小說電視劇改編的敘事策略研究》。山東師範大學碩士論文。
	王穎（2013）。《網路書寫裡的光影世界——新世紀網路小說的影視劇改編》。遼寧師範大學碩士論文。
	孟豔（2013）。《中國網路小說影視劇改編研究》。山東師範大學碩士論文。
	王麗君（2013）。《中國網路小說的影視傳播研究》。湖南師範大學碩士論文。
	宋姣（2013）。《中國網路文學改編的影視劇研究》。遼寧大學碩士論文。
	褚曉萌（2014）。《網路文學影視劇改編研究》。廣西師範大學碩士論文。
	王婭楠（2014）。《論網路小說電影改編的特色和文化意義》。華中師範大學碩士論文。

資料來源：作者自行整理。

參考書目

一、中文書目

九把刀（2006.05.28）。〈網路小說家的貼文責任〉，《中國時報》，B7版。

九把刀（2007）。《依然九把刀：透視網路文學演化史》。台北：蓋亞文化。

入雲（2005）。〈網路時代的又一"傳奇"——陳天橋〉，《審計與理財》，2：37-38。

大眾網（2012.09.25），〈大學男生代寫網路小說月賺26萬，為父母買房〉，上網日期：2013年1月2日，取自「大眾網」http://finance.ifeng.com/money/wealth/story/20120925/7080711.shtml。

中國互聯網訊息中心（2014.07.21）。《第34次中國互聯網發展狀況統計報告》。上網日期：2014年10月15日，取自http://www.cnnic.cn/hlwfzyj/hlwxzbg/hlwtjbg/201407/P020140721507223212132.pdf。

中國互聯網路資訊中心（2015.02.03）。《第35次中國互聯網路發展狀況統計報告》。上網日期2015年3月11日，取自http://www.cnnic.cn/hlwfzyj/hlwxzbg/201502/P020150203551802054676.pdf。

方維（2011）。《中國文學網站網路小說盈利模式研究》。上海社會科學院文藝學碩士論文。

毛文思（2014）。〈走向開放與共贏的網路文學〉，《出版參考》，9：18-19。

牛萌（2011.12.16）。〈趙薇陳凱歌瞄準網路 電影網路小說步入蜜月期？〉，《新京報》，C05-C07版。

王小英、祝東（2010）。〈論文學網站對網路文學的制約性影響〉，《雲南社會科學》，1：151-155。

王中寧（2007）。〈推薦序〉，《退魔錄》（國內篇——焚天）。台北：春天出版社。

王冰睿（2010）。〈期待網路文學嫁接電子書 陳天橋要打造中國亞馬遜〉，《IT時代週刊》，7：55-56。

王茂臻（2013.07.14）。〈房租 電子書夾擊 租書店掀歇業潮〉，《聯合報》，A6版。

王婭楠（2014）。《論網路小說電影改編的特色和文化意義》。華中師範大學碩士論文。

王祥穎（2010）。《網路媒體的全版權運營研究——以盛大文學為例》。復旦大學碩士論文。

王凱（2003）。《成人參與網路文學創作經驗之研究》。高雄師範大學成人教育研究所碩士論文。

王榮文（2006.10.19）。〈一次內容創作，多重產銷應用——遠流在數位出版與網路出版的實踐及成功經驗〉，「韓國Paju Bookcity論壇講稿」。上網日期2012年7月11日，取自：http://ceo.ylib.com/job020.htm。

王穎（2013）。《網路書寫裡的光影世界——新世紀網路小說的影視劇改編》。遼寧師範大學碩士論文。

王麗君（2013）。《中國網路小說的影視傳播研究》。湖南師範大學碩士論文。

王蘭芬（2004）。〈令人大吃一驚的……〉，《聯合文學》，238：64-67。

王蘭芬（2005.04.12）。〈網路文學，沒落中？！〉，上網日期：2014年5月12日，取自「聯合新聞網」http://mag.udn.com/mag/digital/storypage.jsp?f_ART_ID=89131。

白德華（2008.01.09）。〈《鬼吹燈》e出 盜墓文學獨領風騷〉，《中國時報》，A13版。

白曉煌（2007.09.10）。〈【日本】手機閱讀掀熱浪〉，上網日期2014年4月5日，取自「出版商務週報」http://blog.udn.com/jason080/1249657。

任翔（2012.04.06）。〈千字只拿3分錢，還得夜拼！25歲網路寫手病逝〉，《華西都市報》，15版。

全智妍（2014.02.05）。〈連續劇、電影界紛向網路小說招手〉，上網日期：2014年10月15日，取自《etnews》http://www.etnews.com/ 201402050349。

向陽（2002）。〈飛越舊星空——鳥瞰當前的網路文學〉，《創世記詩雜誌》，133：32-34。

朱恆燁（2007）。《我在虛擬人海中寫作：論網路小說的寫作經驗與作者——讀者關係》。政治大學新聞研究所碩士論文。

朱嘉明（2013）。《中國改革的歧路》。台北：聯經。

艾瑞諮詢（2015）。《中國網路文學IP價值研究報告》。上網日期：2015年10月23日，取自「艾瑞諮詢」http://www.iresearch.com.cn/report/2470.html。

何飛鵬（2012）。〈出版人不能再等了！〉，《數位時代》，頁30。

吳玲玲（2012）。《網路文學的產業鏈分析及其發展趨向》。浙江工業大學碩士論文。

吳海菁（2006）。〈陳天橋以光速獲得成功〉，《職業時空》，11：52-53。

吳琰（2011）。〈網路文學影視改編熱現象探析〉，《名作欣賞》，90：89-90。

吳萌菱（2012）。《從網路平臺發表看臺灣當代網路小說創作者發展》。靜宜大學中國文學系碩士論文。

呂慧君（2009）。《臺灣網路小說之呈現與發展》。彰化師範大學國文研究所碩士論文。

呂融融（2012）。《原創文學網站多元化經營的SWOT分析》。華中師範大學傳播學碩士論文。

宋姣（2013）。《中國網路文學改編的影視劇研究》。遼寧大學碩士論文。

宋剛（2011）。〈概論日本手機小說〉，《日本研究》，3：105-111。

李世暉（2013）。《文化經濟與日本內容產業：日本動畫、漫畫與遊戲的煉金術》。台北：智勝文化。

李怡芸（2014.06.06）。〈真人實事悲劇愛情 兩岸通吃〉，《旺報》，A20版。

李河（1977）。《得樂園‧失樂園》。北京；中國人民大學出版社。

李金鷥（2004）。〈龐大商機的背後？──略論網路小說出版〉，《全國新書資訊月刊》，69：7。

李冠興（2009）。《以敘事批評分析網路小說建構的宅男意象》。南華大學傳播學系碩士班碩士論文

李星輝（2007）。《網路文學語言論》。北京：中國文史出版社。

李夏至（2013.08.22）。〈"漂著"的作者〉，《北京日報》，17版。

李順興（2001）。〈觀望存疑或一「網」打盡──網路文學的定義問題〉，上網日期：2012年6月11日，取自http://benz.nchu.edu.tw/~sslee/papers/hyp-def2.htm。

李韶輝（2012.11.05）。〈網路文學改編影視劇掀起新浪潮〉，《中國改革報》。上網日期：2013年1月5日，取自http://www.crd.net.cn/2012-11/05/content_5574543.htm。

李慶雲（2014）。《網路文學出版經營管理研究──以盛大文學為例》。安徽大學碩士論文。

李靜（2012）。《原創網絡文學出版經營策略探析》。河南大學新聞學碩士論文。

李蕾（2015.01.08）。〈國家新聞出版廣電總局：逐步建立網路文學評價體系〉，《光明日報》。上網日期：2015年3月1日，取自「人民網」http:// culture. people.com.cn/n/2015/0108/c22219-26348297.html。

杜昕（2010）。〈起點造神 壟斷滅神〉，《電腦愛好者》，15：6-7。

杜啟宏（2011）。〈網路文學，誰主浮沈〉，《走向世界》，28：28-31。

肖笛（2011）。〈揭秘網路小說生產流水線〉，《名人傳記》，6：68-69。

角川集團（2014.10.12）。《媒體指南10-12月號》，上網日期：2015年1月15日，取自https://mediaguide.kadokawa.co.jp/keisai_kijyun/maho_2014_10-12_PC.pdf。

周百義、胡娟（2013）。〈出版集團開展網路文學出版芻議〉，《編輯之友》，5：22-25。

周志雄（2009）。〈對原創文學網站的考察與思考〉，《山東師範大學學報》，4：92-96。

周志雄（2010）。〈論網路小說的影視改編〉，《海南師範大學學報（社會科學版）》，23(1)：117-121。

周志雄（2010）。《網路空間的文學風景》。北京：人民文學出版社。

周浩正（2007.04.12）。〈「U——出版」時代，如何優化競爭力——我的讀書筆記（3）/【寫給編輯人的信33】〉。上網日期：2014年11月10日，取自「周浩正的博客」http://blog.sina.com.cn/s/blog_635f4e480100tchd.html。

周寫柔（2014）。《作家品牌的建構與經營》。世新大學傳播管理學系碩士論文。

孟豔（2013）。《中國網路小說影視劇改編研究》。山東師範大學碩士論文。

房麗娜（2013）。《網路小說電視劇改編的敘事策略研究》。山東師範大學碩士論文。

於曉輝（2012）。《我國網路原創文學的出版研究——以盛大文學公司為例》。南京師範大學碩士論文。

易真（2011）。《我國文學網站發展對策研究》。中南大學傳播學碩士論文。

林小兮（2010）。〈網路小說生產線〉，《城鄉致富》，7：32-33。

林心涵（2013）。《中國網路文學市場的集中化與影視改編策略分析——以盛大文學為例》。國防大學新聞系碩士論文。

林奇伯（2001）。〈數位羅曼史──網路文學延燒平面書市〉，《臺灣光華雜誌》，26(2)：42。

林淇瀁（2000）。〈流動的繆思：臺灣網路文學生態初探〉。《解嚴以來臺灣文學國際術研討會論文集》（頁216-234）。台北：萬卷樓圖書。

林敬棚（2011）。《論當代中國大陸網路文學》。政治大學東亞研究所碩士論文。

林穎嵐、吳宜貞、何雪麗（2011.03.11）。〈POPO原創推出手機閱讀平臺3星期下載達1千5百次〉，《銘報新聞》，2版。

林麗雲（2000）。〈為臺灣傳播研究另闢蹊徑？傳播史研究與研究途徑〉，《新聞學研究》，63：239-256。

表晶勳（2009）。〈One Source Multi Use〉，上網日期：2012年6月10日，取自「List」http://chn.list.or.kr/articles/article_view.htm?cPage=2&Div1=7&Idx=135。

邱景華（2002）。〈現在的黯淡與未來的光明〉，上網日期：2014年1月10日，取自「福建僑聯網」http://www.fjql.org/fjrzhw/d065.htm。

金朝力、焦劍（2010.04.15）。〈盛大文學頻繁併購被質疑 一家獨大引壟斷憂慮〉，《北京商報》。上網日期：2013年12月5日，取自http://tech.qq.com/a/20100415 /000060_1.htm。

姜由楨（2009）。〈"一源多用"時代的小說〉，上網日期：2012年6月10日，取自「List」http://chn.list.or.kr/articles/article_view.htm?Div1=8&Idx=297。

姜妍（2009.05.05）。〈盛大文學賽版權引爭議〉，上網日期：2014年2月1日，取自「北京新浪網」http://dailynews.sina.com/bg/ent/sinacn/20090505/1105230939.html。

姜妍（2013.03.16）。〈從"起點"風波看網路文學的崛起之路〉，《新京報》。上網日期：2013年10月1日，取自http://www.bjnews.com.cn/book/2013/03/16/253332. html。

施晶晶（2012）。〈新媒體產業的盛大文學模式──兼談文化與科技融合創新的規律〉，《文化藝術研究》，5(2)：10-18。

施晶晶（2013）。《新媒體產業的盛大文學模式──兼談文化科技融合創新的規律》。上海社會科學院碩士論文。

柏定國（2007）。《網路傳播與文學》。北京：中國文史出版社。

柯景騰（2002）。〈網路小說社群的社會建構〉，《當代雜誌》，181：60-67。

柯景騰（2004）。《網路虛擬自我的集體建構——臺灣BBS網路小說社群與其迷文化》。東海大學社會學系碩士論文。

洪子誠（2002）。《中國當代文學史研究講稿：問題與方法》。北京：三聯書店。

禹建湘（2011）。《網路文學產業論》。北京：中國社會科學出版社。

禹建湘（2014）。《網路文學關鍵詞100》。北京：中央編譯出版社。

紀海龍（2014）。《網路文學網站100》。北京：中央編譯出版社。

胡文玲（1999）。《從產製者與消費者的立場分析暢銷書排行榜的流行文化意義》。世新大學傳播研究所碩士論文。

胡光夏（2007）。《媒體與戰爭：「媒介化」、「公關化」與「視覺化」戰爭新聞的產製與再現》。台北：五南。

胡泳、范海燕（1997）。《Internet網路為王》。台北：捷幼。

胡龍飛、李雪、李妍、陳群超（2011.06.22）。〈盛大文學（2011年IPO版）〉，《i美股投資研報》。上網日期：2013年12月5日，取自http://news.imeigu.com/a/1308565328536.html。

唐鳳雄（2010）。〈數字化的未來不是夢——訪盛大文學CEO侯小強〉，《中國高新技術企業》，29：28-29。

夏琦（2008.07.24）。〈"起點"作家峰會舉行 為"百萬年薪作家"頒獎〉，《新民晚報》。上網日期：2014年6月9日，取自http://www.china.com.cn/book/txt/2008-06/23/content_15870540.htm。

奚皓暉（2013）。〈日本手機小說的文學形態〉，《日本研究》，1：89-95。

孫冰（2013）。〈盛大"壟斷"網路文學初顯暴利端倪〉，《中國經濟週刊》，29：62-63。

孫治本（2003）。〈虛擬空間中的低虛擬性：輕、清、淡的網路文學〉，《當代雜誌》，192：38-49。

孫治本（2004）。〈什麼是網路文學？〉。「『什麼是網路文學』之「網路小說」研討會會議論文」。新竹：交大通學通識教育中心。

孫治本（2006）。〈網路文學 快速變臉〉，《書香遠傳》，39：18-19。

孫鵬（2013）。〈原創文學啟動出版新生態〉，「2013數位出版創市季論壇講稿」，台北。

徐尚禮（2007.08.15）。〈大陸學者超擔心 後宮小說走俏 自賤爭寵成風〉，《中國時報》，A18版。

徐婷（2012.3.3）。〈盛大文學二度赴美IPO：Kindle式成功難複製〉，《華夏時報》。上網日期：2013年5月4日，取自http://tech.sina.com.cn/i/2012-03-03/14006797876.shtml。

徐穎（2011.05.20）。〈550萬點擊率，作家竟只掙300元 網路寫手薪酬模式引發爭議〉，《新聞晨報》。上網日期：2013年12月5日，取自http://www.jfdaily.com/a/2142835.htm。

晉江文學城（2014）。〈關於我們〉。上網日期：2014年2月2日，取自「晉江文學城」http://www.jjwxc.net/aboutus/。

烈日（2008）。〈侯小強：做中國最大的書業經紀公司〉，《中國民營書業》，12：8。

秦宇慧（2004）。〈網絡原創文學與傳統辯異〉，《瀋陽教育學院報》，6(4)，31-33。

起點中文網（2013.01.01）〈VIP用戶使用指南〉。上網日期：2012年10月1日，取自「起點中文網」http://www.qidian.com/helpcenter/default.aspx。

馬季（2006）。〈韓日網路小說〉，《精品文學版》，206：72-74。

馬季（2008）。《讀屏時代的寫作——網路文學10年史》。北京：中國工人出版社。

馬季（2009）。〈網路文學的此在和未來〉，《創作評譚》，5：7-12。

馬季（2010）。《網路文學透視與備忘》。北京：中國社會科學出版社。

馬萱人（1996.11）。〈文學新線路〉，《遠見雜誌》，上網日期2012年6月15日，取自「遠見雜誌知識庫」http://www.gvm.com.tw/。

高雪（2014）。《我國原創文學網站競爭力評價研究》。湖南大學碩士論文。

國安民（2006）。〈中國大陸網路控管現況與發展」〉，《展望與探索》，4(3)：75-87。

張小平（2013）。〈盛大文學團隊離職風波〉，《企業觀察家》，6：76-77。

張守剛（2005.11.21）。〈十家網站發表中國網路文學陽光宣言〉，《北京娛樂信報》。上網日期：2013年1月6日，取自http://tech.sina.com.cn/i/2005-11-21/0700770291.shtml。

張杰（2013.10.31）。〈莫言當"網路文學大學"校長〉，《華西都市報》，A013版。

張杰（2013.12.03）。〈封神榜單解析 又是唐家三少！〉，《華西都市報》，A09版。

張彥武、勾伊娜（2005）。〈韓國沒有80後〉，《中國新聞週刊》，5：56-57。

張英（2014.05.29）。〈不是第一次，也不是最後一次 網路文學"掃黃打非"十年記〉，《南方週末》。上網日期：2014年10月6日，取自http://www.infzm.com/content/101018。

張倫（2013.9.9）。〈點評中國：中共執政危險的政左經右〉，《BBS中文網》。上網日期：2015年3月6日，取自http://www.bbc.co.uk/zhongwen/trad/focus_on_china/2013/09/130909_cr_ccpinpower。

張振興（2001）。《中共網際網路管制現況分析》。台北：東吳大學政治學研究所碩士論文。

張曼娟（1999）。〈一條掛在網上的魚〉，《文訊》，162：50。

張賀軍（2012）。《網路遊戲改編對也說文堂性的消解--以網路遊戲《誅仙》為例》。北京郵電大學碩士論文。

張裕亮（2010）。《中國大陸流行文化與黨國意識》。台北：秀威資訊科技。

張銀洙（2004）。〈網路小說的興盛〉，《東亞四地書的新文化》（頁36-40）。台北：網路與書出版。

張輝（2013.12.27）。〈2013年垂直文學網站市場分析報告〉，上網日期：2014年1月1日，取自「速途研究院」http://www.sootoo.com/content/471640.shtml。

張曉然（2009.05.18）。〈盤點十年發展歷程的中國新興網路文學〉。上網日期：2012年10月1日，取自「文新傳媒」http://www.news365.com.cn/ds/200905/t20090518_2325090.htm。

張曉潔（2012）。〈網路大神背後的淘金者〉，《IT經理世界》，338：74-75。

張露（2012）。〈網路文學類型化寫作之殤〉，《創作與評論》，6：99-100。

梁正清（2003）。〈中國大陸網路傳播的發展與政治控制〉，《資訊社會研究》，4：211-252。

梁玉芳、鄭朝陽（2007.12.30）。〈肚臍眼文學？書籤讓好文跳出〉，《聯合報》，A5。

梁飛（2013）。《國內數位出版品牌傳播研究——以盛大文學為例》。廣西大學碩士論文。

梅紅等（2010）。《網路文學》。成都：西南交通大學出版社。

清楠（2014.1.7）。〈盛大文學編劇公司陷停滯狀態〉。上網日期：2014年6月23日，取自「獵雲網」http://www.lieyunwang.com/archives/30305。

盛大文學（2014）。〈公司介紹〉。上網日期：2014年2月1日，取自「盛大文學官網」http://www.cloudary.com.cn/introduce.html。

盛大網路（2013.01.05）〈關於盛大〉。上網日期：2013年1月5日，取自「盛大網路」http://www.snda.com/cn/about/history.aspx。

莊琬華（2003.04.29）。〈新作家之路〉，《聯合報》，E7。

許心怡（2015.01.08）。〈新聞出版廣電總局:"實名制令網路作家不敢放手寫"是誤讀〉。上網日期：2015年3月1日，取自「人民網」http://culture.people.com.cn/n/2015/0129/c87423-26473774.html。

許苗苗（2013.01.10）。〈2013年網路文學：困局、迷局與變局〉，《中國作家網》。上網日期：2014年2月28日，取自http://www.chinawriter.com.cn。

閆偉華（2010）。〈網路文學發展的贏利模式及增長空間──以盛大文學為例〉，《中國出版》，24：52-55。

陳子鈺（2002.02.12）。〈網路小說家6成是學生〉，《聯合晚報》，3版。

陳小龍（2001）。〈榕樹下：尋求資本庇護〉，《數字財富》，15：38-39。

陳伯軒（2001.06.10）。〈網路小說 出版業的金雞母〉，《經濟日報》，24版。

陳君碩（2015.01.09）。〈陸網路文學實名 遭諷「魯迅也是筆名」〉，《聯合報》。上網日期：2015年3月1日，取自http://udn.com/news/story/7331/631183。

陳秀貞（2005）。《臺灣網路小說之文學社會學考察──生產、傳播、消費與社群的相互關聯》。佛光人文社會學院社會學研究所碩士論文。

陳佳楓（2009）。《臺灣地區網路時代文學傳播研究》。南華大學出版與文化事業管理研究所碩士論文。

陳孟姝（2005.04.14）。〈從日本手機小說看新趨勢〉，《自由時報》。上網日期：2013年5月4日，取自http://old.ltn.com.tw/2005/new/apr/14/life/article-5.htm。

陳定家（2011）。《比特之境：網時代的文學生產研究》。北京：中國社會科學出版社。

陳宛茜（2013.02.09a）。〈POPO畫妖師 讓你欲罷不能〉，《聯合報》，A22版。

陳宛茜（2013.02.09b）。〈兩岸文學網站 大眾文學新搖籃〉，《聯合報》，A22版。

陳怡如（2012）。〈輕鬆讀創作：微創作 多元題材，輕鬆閱讀〉，《數位時代》，216：62-64。

陳怡如（2013）。〈蔡智恆（痞子蔡）：在茫茫網海裡就是會有一些知音〉，《數位時代》，231：158-161。

陳芸芸、劉慧雯譯（2011）。《McQuail's 大眾傳播理論》。台北：韋伯文化。（原書McQuail, D. [2005].McQuail's mass communication theory (5th ed.). CA: Sage.）

陳威如、余卓軒（2013a）。《平臺戰略：正在席捲全球的商業模式革命》。北京：中信出版社。

陳威如、余卓軒（2013b）。《平台革命：席捲全球社交、購物、遊戲、媒體的商業模式創新》。台北：商周出版。

陳建華（2007.08.04）。〈鮮鮮文化 締造華人網路小說傳奇〉，《工商時報》，C8版。

陳彥煒（2009）。〈侯小強：書中自有黃金屋〉，《南方人物週刊》，14：52-53。

陳致中（2003）。《網路文學創作者行為之初探研究》。中山大學傳播管理研究所碩士論文。

陳虹（2010）。《網路原創文學營銷傳播研究》。浙江大學傳播學碩士論文。

陳家齊（2008.01.14）。〈手機小說「按」出新文學〉，《經濟日報》。

陳傑（2012）。〈盛大文學：數字版權運營要更多參與內容深加工〉，《北京商報》。上網日期：2013年12月5日，取自http://tech.163.com/12/0803/00/87UN13O2000915BF.html。

陳遠（2009.06.18）。〈盛大對於文化產業極度商業化引發文化界爭議〉，《中國週刊》。上網日期：2013年10月2日，取自http://www.chinaweekly.cn/ bencandy.php?fid=44&aid=4209&page=1。

陳徵蔚（2012）。《電子網路科技與文學創意臺灣數位文學史（1992-2012）》（133-134頁）。臺灣文學館。

陳潔（2012）。〈我國原創文學網站運營模式發展策略研究〉，《出版廣角》，10：68-71。

陳曉莉（2002.09.08）。〈優秀文學網達每月損益平衡，朝向無線平臺發展〉，上網日期2014年10月1日，取自「iThome」http://www.ithome.com.tw/ node/18273。

陳穎青（2008.04.13）：〈為什麼Blog無法誕生小說家？〉，上網日期2013年5月10日，取自「老貓學出版」http://book.net/blog/blog.php/2008/413。

陳穎青（2008.04.14）：〈部落格無法誕生小說家，然後呢？〉，上網日期2013年5月10日，取自「老貓學出版」http://book.net/blog/blog.php/2008/414。

陳穎青（2013.08.30）。〈臺灣出版產業真正的麻煩〉。上網日期：2014年11月30日，取自「老貓出版偵查課」http://news.readmoo.com/2013/08/30/real-trouble/。

陳韻琳（1999）。〈網路文學概述〉，上網日期2012年6月12日，取自「中山大學 West BBS-西子灣站」http://bbs3.nsysu.edu.tw/txtVersion/ treasure/fellowship/M.867574547.A/M.931647538.A/M.931647619.ZZO.html。

雪濤（2009.12.23）。〈租書店選書（六）：玄幻小說篇〉，上網日期2014年6月5日，取自「租書店防禦工事」http://murphywu.blogspot.tw/2009/12/1_2308.html。

雪濤（2012.02.15）。〈租書店選書（七）：原創小說篇〉，上網日期2014年6月5日，取自「租書店防禦工事」http://murphywu.blogspot.tw/2012/02/1.html。

傅若岩（2013）。〈看漲文化市場 盛大文學啟動100職業編劇培育計畫〉，《IT時代週刊》，10：50-51。

彭波（2009）。〈侯小強：心懷猛虎 細嗅薔薇〉，《傳媒：Media》，2：18-20。

彭雅宣（2012.06.05）〈盜版多 景氣差 租書店倒逾3成〉，《聯合晚報》，A7版。

彭蘭（2005）。《中國網路媒體的第一個十年》。北京：清華大學出版社。

智強（2005）。〈網路娛樂迪士尼夢想之旅〉，《出版參考》，4：17-18。

曾海純。（2013）。《榕樹下文學網站經營研究》。湖南大學碩士論文。

曾繁亭（2011）。《網路寫手論》。北京：中國社會科學出版社。

曾繁亭（2014）。《網路文學名篇100》。北京：中央編譯出版社。

舒晉瑜（2014.01.22）。〈作家工作室漸成文壇風景 探索作家價值最大化〉，《中華讀書報》，1版。

華西都市報（2012.11.26）。〈20位網絡大神 千字1分錢 敲出1.7億元〉，《華西都市報》，005版。

覃澈、宋家明（2012）。〈盛大"筆伐縱橫"：網路文學的江湖之戰〉，《東西南北》，21：56-59。

須文蔚（1998），〈網路詩的破與立〉，《創世紀詩雜誌》，117：80-95。

須文蔚（2002.03.25）。〈網路小說 擠身書市新寵〉，《中央日報》，19版。

須文蔚（2003）。《臺灣數位文學論：數位美學、傳播與教學之理論與實際》。台北：二魚文化。

須文蔚（2004.11.17）。〈臺灣數位文學社群五年來的變遷〉，上網日期2014年10月1日，取自「聯合數位新聞網」http://mag.udn.com/mag/ digital/ storypage.jsp?f_ART_ID=88877。

飯飯（2012）。〈紅袖添香出版影視網路小說亮相上海書展〉，《出版參考》，8：24。

馮建三（2008）。〈取而代之？中國傳媒的未來〉，《梅鐸的中國大冒險》，台北：財信出版。

馮海超（2013）。〈盛大文學造富平臺〉，《Talents Magazine》，9：44-45。

馮雲超（2013）。〈關於網路文學影視改編潮流的思考〉，《天中學刊》，28(5)：62-64。

黃世明（2007）。《網路時代書寫改變之研究》。南華大學出版事業管理研究所碩士論文。

黃洛晴（2003）。《網際空間中虛擬社群的自我組構——以網路小說社群為例》。東海大學社會學系碩士論文。

黃茂昌（製作人），廖明毅（導演）（2006）。G大的實踐【影片】。（公共電視，台北市內湖區康寧路三段75巷70號）。

黃偉銘譯（2013）。《數位出版：未來主義者的宣言》。台北：碁峯資訊。（原書McGuire, H. & O'Leary, B. [2012]. Book: A futurist's manifesto. O'Rielly Media.）

黃發有（2010）。〈從甯馨兒到混世魔王——華語網路文學的發展軌跡〉，《當代作家評論》，3：10-18。

黃鳴奮（2001）。《比特挑戰繆斯》。廈門：廈門大學出版社。

黃鳴奮（2002）。《超文字詩學》。廈門：廈門大學出版社。

黃鳴奮（2004）。《網路媒體與藝術發展》。廈門：廈門大學出版社。

新力娛樂（2007）。《大人讀的手機小說》。東京：ON Book。

楊林（2004）。《網路文學禪意論》。北京：中國文聯出版社。

楊雨（2007）。《網路詩歌論》。北京：中國文史出版社。

楊玲（2011）。《為什麼書賣這麼貴》。台北：新銳文創。

楊寅紅（2013）。《盛大文學全版權運營模式研究》。蘭州大學碩士論文。

楊敏（2010）。〈侯小強：讓寫字的人獲得尊嚴〉，《中國新聞週刊》，48：86-88。

楊馥蔓（2011）。〈網路原創作者經營之路〉，上網日期：2014年10月6日，取自「POP原創網」http://publish.popo.tw/column/17/view。

萬媛媛（2012）。〈第一季度，盛大文學網路閱讀收錄同比增50.05%〉，《中國民營書業》，5：4。

葉小樓（2014.01.15）。〈騰訊發力網路文學，挖盛大最後一堵牆〉。上網日期：2014年2月5日，取自「CBI遊戲天地」http://www.cbigame.com/guandian/news. detail.php?id=3541&page=all。

葉至誠（2000）。《社會科學概論》。台北：揚智文化。

葉秋芳（2010）。〈2010年2月垂直文學網站行業數據〉。上網日期：2014年2月6日，取自「艾瑞諮詢」http://media.iresearch.cn/others/20100322/ 111205. shtml。

誠品好讀（2004）。〈大眾小說新勢力〉。上網日期：2014年6月6日，取自「痞客邦」http://mermaiddock.pixnet.net/blog/post/5557545-大眾小說新勢力。

電腦王阿達（2011.02.19）。〈人人都可能是大作家──POPO原創、POPO閱讀〉。上網日期：2014年11月25日，取自「電腦王阿達的3C胡言亂語」http://www.kocpc.com.tw/archives/1036。

廖秋瑜（2007）。《臺灣當代網路文學現況研究──以藤井樹作品為例》。花蓮教育大學語文科教學碩士學位班碩士論文。

廖珮君譯（2009）。《文化產業分析》。台北：韋伯文化。（原書Hesmondhalgh, D. [2007]. The cultural industries (2nd ed.). CA: Sage.）

廖雅雯（2015.05.18）。〈從網路文學平台輕敲素人創作大門〉，上網日期2015年6月15日，取自《凱絡媒體週報》http://www.taaa.org.tw/userfiles/0603% 281%29.pdf。

熊澄宇（2006）。《文化產業研究：戰略與對策》。北京：清華大學出版社。

維基百科（2014）。〈Naver〉，上網日期：2014年10月6日，取自「維基百科」http://zh.wikipedia.org/wiki/NAVER。

褚曉萌（2014）。《網路文學影視劇改編研究》。廣西師範大學碩士論文。

趙一帆（2011）。〈網路文學的版權困境及其應對策略研究──基於文化衝突的角度〉，《圖書情報工作》，55(5)：47-51。

趙月枝（2011）。《傳播與社會：政治經濟與文化分析》。北京：中國傳媒大學出版社。

趙惠淨（2009）。〈網路、年輕人與臨時自治區〉，《新聞學研究》，101：245-283。

劉皇佑（2012.10）。〈從傳統出版邁入數位內容趨勢感受〉。「出版數位演化暨EPUB研討會」論文。臺灣，台北。

劉琦琳（2010）。〈網絡文學到了第幾章？〉，《互聯網週刊》，5：22。

劉瑞啟（2011）。《繼續還是不繼續？網路文學作品持續閱讀與沉迷程度之影響》。中央大學資訊管理研究所碩士論文。

劉攀（2010）。《網路文學產業化發展模式研究──以盛大公司為例》。廣西師範大學文藝學碩士論文。

慕小易（2015.01.10）。〈網路作者實名制：製造恐慌還是合理管控？〉。上網日期：2015年3月2日，取自「美國之音」http://m.voafanti.com/a/china-media-20150109/2592483.html。

歐陽友權（2003）。《網路文學論綱》。北京：人民文學出版社。

歐陽友權（2004）。《網路文學本體論》。北京：中國文聯出版社。

歐陽友權（2005）。《數字化語境中的文藝學》。北京：中國社會科學出版社。

歐陽友權（2007）。《網路文學的學理型態》。北京：中史文獻出版社。

歐陽友權（2009）。《比特世界的詩學：網路文學論稿》。長沙：岳麓書社。

歐陽友權（2011）。《數位元媒介下的文藝轉型》。北京：中國社會科學出版社。

歐陽友權（2013）。〈當下網路文學的十個關鍵字〉，《求是學刊》，40(3)：125-130。

歐陽友權（2014）。《網路文學評論100》。北京：中央編譯出版社。

歐陽友權編（2008）。《網路文學概論》。北京：北京大學出版社

歐陽文風（2011）。《短信文學論》。北京：中國社會科學出版社。

歐陽文風（2014）。《網路文學大事件100》。北京：中央編譯出版社。

歐陽文風、王曉生（2007）。《博客文學論》。北京：中國文史出版社。

滕淑芬（2003）。〈愛書人的天堂，出版家的煉獄？〉，《臺灣光華雜誌》，28(5)：6。

滕淑芬（2010）。〈從數位找出版〉，《臺灣光華雜誌》，35(6)：28。

範榮靖（2013）。〈養出160萬位作家，更養出1.2億個讀者〉，《遠見雜誌》，320：98-100。

範榮靖（2013）。〈養出160萬位作家，更養出1.2億個讀者〉，《遠見雜誌》，320：98-100。

蔡秀芬（2011）。《中國另類傳播的考察與分析（1978-2011）》。世新大學傳播研究所博士論文。

蔡智恆（2007）。〈網路小說之寫作〉，第三屆「實用中文寫作策略」學術研討會。台南：成功大學文學院。

魯豔紅（2013.06.21）。〈作協擬發展會員名單公布：網路人氣作家紛紛入圍〉，《武漢晨報》。上網日期：2014年6月8日，取自http://cul.qq.com/a/20130621/012828.htm。

蕭怡君（2010）。《蔡智恆小說研究》。高雄師範大學國文學系碩士論文

蕭家秌（2013）。《九把刀情愛小說研究》。屏東教育大學中國語文學系碩士班碩士論文。

蕭潛（2014）。〈重新開始〉。上網日期：2014年6月8日，取自「縱橫中文網」http://big5.zongheng.com/chapter/357799/5963074.html。

錢建軍（1999）。〈北美華文網路文學創作的回顧與展望〉，《中外文化與文論》，1：158-164。

錢理群（2013）。《毛澤東時代和後毛澤東時代1949-2009》。台北：聯經。

閻偉華（2010）。〈網路文學發展的贏利模式及其空間〉，《中國出版》。12：52-55。

戴錚（2014.03.04）。〈日本打造「智慧手機小說家」〉，《晶報》，B08版。

薛舟、徐麗紅譯（2011）。《退魔錄》。台北：春天出版社。

謝宏娟（2011）。《中國網路小說影像改編作品研究》。南京藝術學院碩士論文。

謝奇任（2013）。〈中國大陸文學網站的創作生產策略與困境：以起點中文網為例〉，《中華傳播學刊》，24：43-72。

謝奇任（2015）。〈中國大陸網路文學的發展與管控〉，《復興崗學報》，106：95-112。

謝瑩、蔡騏（2012）。〈電視劇傳播與網路資源的〉，《中國廣播電視學刊》，9：63-65。

闌夕（2013）。〈華爾街不相信盛大文學〉，《IT時代週刊》，16：74。

隱地（2014.11.08）。〈寫給某作家的一封信〉，《聯合報》，上網日期
　　2015年1月20日，取自http://udn.com/NEWS/READING/X5/9051771.
　　shtml?ch=rss_ udpopular。

韓承洲（2014.08.18）。〈點擊成作家……每日300篇新作的網小說時代〉，
　　上網日期：2014年10月6日，取自《Kukinews》http://news.kukinews.com/
　　article/view.asp?page=1&gCode=all&arcid=0922764305&code=13150000。

韓浩月（2013）。〈盛大文學：以版權為核心締造文學產業鏈〉，《中國版
　　權》，4：36-40。

韓茜（2011）。《專業文學網站研究》。河北大學文藝學碩士論文。

韓淇皓（2009）。〈韓國小說市場的最大話題，網路小說〉，上網日期：2014
　　年6月6日，取自「Korean Books Letter」http://newsletter.klti.or.kr/newsletter/
　　22st/chn/focus.htm。

韓陽（2013）。〈盛大文學成立中國首家編劇培訓公司〉，《出版參考》，
　　12：25。

聶慶樸（2011）。《網路小說名篇解讀》。北京：中國社會科學出版社。

聶慶璞（2004）。《網路敘事學》。北京：中國文聯出版社。

聶慶璞（2014）。《網路寫手名家100》。北京：中央編譯出版社。

藍愛國（2007）。《網路惡搞文化》。北京：中國文史出版社。

藍愛國、何學威（2004）。《網路文學的民間視野》。北京：中國文聯出版社。

顏雅娟（2013）。〈要發掘臺灣文創人才四十八億版圖網路文學平臺 臺灣囝
　　仔掌舵〉，《今週刊》，869：94-97。

魏岑玲（2010）。《臺灣當代網路小說研究（1996-2009）》。台北教育大學
　　中國語文學系語文教學研究所碩士論文。

魏迪英（2011）。〈網絡文學這買賣〉，《社會觀察》，5：65-67。

羅秋雲（2013）。〈爭搶白金作者：網路文學平臺的新較量〉《IT 時代週
　　刊》，14：25-26。

譚德晶（2004）。《網路文學批評論》。北京：中國文聯出版社。

邊瑤（2010.07.26）。〈"起點中文網"的成功啟示〉，上網日期2013年6月5
　　日，取自「中國編輯」http://www.editorworld.com.cn/bjb/ljhj/201007/523.html。

蘇星（2012）。〈影視劇網路淘金：兩全其美還是權宜之計？〉，《大眾電
　　影》，1：3。

蘇曉芳（2007）。《網路小說論》。北京：中國文史出版社。

蘇曉芳（2011）。《網路與新世紀文學》。北京：中國社會科學出版社。

騰訊網（2012.02.25）。〈盛大文學修訂版招股書〉。上網日期：2014年1月25日，取自「騰訊網」http://tech.qq.com/a/20120225/000033.htm。

顧寧（2009）。〈簡論日本網路文學〉，《日本研究》，3：84-87。

顧寧（2012）。〈日本手機小說獲獎作品論析〉，《日本研究》，2：123-128。

龔蕾（2001）。〈來自校園網路BBS的最新調查〉，《中國青年研究》，1：23-26。

二、英文書目

Adorno, T. W. (1990). Culture industry reconsidered. In C. Alexnader & S. Seidman (Eds.), *Culture and society: Contemporary Debates* (318-328). London: Cambridge University Press.

Bettig, R. V. (1996). *Copyrighting culture: The political economy of intellectual property.* Boulde, CO: Westview Press.

Bettig, R. V., & Hall, J. (2012). *Big media, big money: Cultural texts and political economics.* Lanham, MD: Rowman & Littlefield.

Bolter, J. (2001). *Writing space: Computers, hypertext, and the remediation of print.* Mahwah, NJ: Routledge.

Bowles, S., & Edwards, R. (1985). *Understanding capitalism competition, command, and change in the U.S. economy.* New York, NY: Harper & Row.

C.S.-M. (2013.03.24). Chinese online literature: Voices in the wilderness. Retrieved Jamuary 4, 2014, from http://www.economist.com/blogs/prospero/2013/03/ chinese-online- literature

Chapple, S., Garofalo, R. (1977). *Rock'n roll is here to pay: The history and politics of the music industry.* Chicago, IL: Nelson-Hall Publishers.

Clark, R. C. (2009). Cell phone novels: 140 Characters at a Time. *Young Adult Library Services 7*(2), 29-31.

Dalton, J. H., Elias, M. J., & Wanderson, A. (2001). *Community psychology: Linking individuals and communities.* Belmont, CA: Wadsworth Publishing.

DiMaggio, P., & Hirsch, P. M. (1976). Production organizations in the arts. *American Behavioral Scientist, 19*(6), 735-752.

Douglas, J. Y. (2001). *The end of books or books without end?: Reading interactive narratives.* University of Michigan Press.

Edelman, B. (1979). *Ownership of image: Elements for a Marxist theory of law.* Boston, MA: Routledge and Kegan Paul.

Erban, B. (2010, May 6). Keitai shousetsu: A study of Japan's mobile phone fiction. Retrieved May 15, 2014, from http://www.ualberta.ca/~berban/cell/cellpreamble.html

Farrar, L. (2009, February 26). Cell phone stories writing new chapter in print publishing. Retrieved May 10, 2014, from http://edition.cnn.com/2009/TECH/02/25/japan.mobilenovels/?iref=intlOnlyonCNN

Galbraith, P. W. (2009, January 26). Cell phone novels come of age. Retrieved February 10, 2014, from http://www.japantoday.com/category/entertainmentarts/view/cell-phone-novels-come-of-age

Garnham, N. (1990). *Capitalism and communication.* Thousand Oaks, CA: Sage Publications.

Goodyear, D. (2008, December 22). I ♥ Novels: Young women develop a genre for the cellular age. *New Yorker.* Retrieved May 15, 2014, from http://www.newyorker.com/magazine/2008/12/22/i-%E2%99%A5-novels

Grossman, L. (2009, January 21). Books gone wild: The digital age reshapes literature. *Time Magazine.* Retrieved May 15, 2014, from http://www.time.com/time/magazine/article/0,9171,1873122,00.html

Harker, D. (1980). *One for money: Politics and popular song.* London: Hutchinson.

Hesmondhalgh, D. (2002). *The cultural industries* (1st ed.). Thousand Oaks, CA: Sage Publications.

Hesmondhalgh, D. (2007). *The cultural industries* (2nd ed.). Thousand Oaks, CA: Sage Publications.

Hesmondhalgh, D. (2009). Politics, theory and method in media industries research. In J. Holt & A. Perren (Eds.), *Media industries: History, theory, and method* (pp. 245-55). Malden, MA: Wiley-Blackwell.

Hesmondhalgh, D. (2012). *The cultural industries* (3rd ed.). Thousand Oaks, CA: Sage Publications.

Hirsch, P. M. (1972). Processing fads and fashions: An organization-set analysis of cultural industry systems. *American Journal of sociology, 77*(4), 639-659.

Hockx, M. (2015). *Internet literature in China*. New York, NY: Columbia University Press.

Ito, M. (2009, February 24). Media literacy and social action in a post-Pokemon world. Retrieved May 11, 2014, from http://www.itofisher.com/mito/publications/media_literacy.html

Kane, Y. I. (2007, September 26). Ring! Ring! Ring! in Japan, novelists find a new medium. *The Wall Street Journal*. Retrieved May 2, 2014, from http://online.wsj.com/public/article_print/SB119074882854738970.html

Kang, M. G., Paek, M. S., Kim, N., Kim, H., Park, J., Syun, S., Yo, Y., et. al. (2005). *Constitution of Korean internet history museum and commission service of contents production*. Unpublished report.

McLuhan, M. (1964). *Understanding media: The extensions of man*. New York: Signet.

McQuail, D. (1994). *Mass communication theory: An introduction*. Sage Publications Ltd.

Miège, B. (1989). *The Capitalization of cultural production*. New York: International General.

Nagano, Y. (2010, February 09). For Japan's cellphone novelists, proof of success is in the print. *Los Angeles Times*. Retrieved June 10, 2014, from http://articles.latimes.com/2010/feb/09/world/la-fg-japan-phone-novel9-2010feb09

Naisbitt, J, Naisbitt, N., and Philips, D. (1999). *High tech high touch: Technology and our search for meaning*. Broadway.

Negus, K. (1997). The production of culture. In P. Du Gay (Ed.), *Production of culture/culture of production* (pp. 67-118). Thousand Oaks, CA: Sage Publications.

Norrie, J. (2007, December 3). In Japan, cellular storytelling is all the rage. The Sydney Morning Herald. Retrieved June 10, 2014, from http://www.smh.com.au/news/mobiles--handhelds/in-japan-cellular-storytelling-is-all-the-rage/2007/12/03/1196530522543.html

Onishi, N. (2008, January 20). Thumbs race as Japan's best sellers go cellular. *New York Times*. Retrieved May 15, 2014, from http://www.nytimes.com/2008/01/20/world/asia/20japan.html?pagewanted=1&_r=2

Peterson, R. A. (1985). Six constraints on the production of literary works. *Poetics, 14*, 45-67.

Peterson, R. A., & Berger, D. G. (1975). Cycles in symbol production: The case of popular music. *American Sociological Review, 40*, 158-173.

Poster, M. (1990). *The mode of information: Post structuralism and social context*. Chicago: The University of Chicago Press.

Rosson, M. B. (1999). I get by with a little help from my cyber-friends: Sharing stories of good and bad times on the Web. *Journal of Computer-Mediated Communication, 4*(4), 0.

Ryan, B. (1992). *Making capital from culture*. Berlin and New York: Walter di Gruyter.

Stevenson, N. (1995). *Understanding media cultures*: Social theory and mass communication. Thousand Oaks, CA: Sage.

Toffler, A. (1980). *The third wave*. Bantam Books

Toffler, A. (1990). *Powershift: Knowledge, wealth and violence at the Edge of the 21st Century*. Bantam Books

Walwyn, D. (2005). Selecting the most appropriate commercialisation strategy is key to extracting maximum value from your R&D. *International Journal of Technology Transfer & Commercialisation, 4*(2), 1-1.

三、日文書目

小口覺（1998）。《パソコン通信開拓者伝説──日本のネットワークを作った男たち》。東京：小学館。

中村航、草野亞紀夫與鈴木謙介（2008）。〈ケータイ小説は「作家」を殺すか〉，《文學界》，1：201-202。

日本維基百科（2014）。〈オンライン小説〉。上網日期2014年8月1日，取自：http://ja.wikipedia.org/wiki/%E3%82%AA%E3%83%B3%E3%83%A9%E3%82%A4%E3%83%B3%E5%B0%8F%E8%AA%AC。

加藤弘一（2010.07.20）。〈『ケータイ小説的。』〉。上網日期2014年8月1日，取自：http://booklog.kinokuniya.co.jp/kato/archives/2010/07/post_204.html。

加藤迪男（2009）。《用手機小說紀錄自己的歷史》。東京：日本地域社會研究所。

本田透（2008）。〈なぜケータイ小說は売れるのか〉，《ソフトバンククリエイティブ》。Soft Bank Creative。

本田透（2008）。《為什麼手機小說會暢銷》。東京：Soft Bank Creative。

石原千秋（2008）。《手機小說是文學嗎？》。東京：筑摩書房。

伊東壽朗（2008）。《手機小說活字革命論》。東京：角川SS傳播。

吉田悟美一（2008）。《手機小說受歡迎的理由》。東京：每日傳播。

佐佐木俊尚（2008）。《手機小說家》。東京：小學館。

杉浦由美子（2008）。《手機小說的真實》。東京：中央公論新社。

谷井玲（1999.11.24）。〈はじめに〉。上網日期2014年8月1日，取自：http://s.maho.jp/homepage/ba2a2abaf5410436/4

岡崎博之（2011.03.31）。〈一時は二百万部も売り上げたケータイ小說は今どうなった？〉，《週刊文春》。上網日期2014年8月1日，取自：http://shukan.bunshun.jp/articles/-/849

東浩紀、仲俁暁生（2007）。〈工学化する都市・生・文化〉，《批評の精神分析 東浩紀コレクションD》。東京：講談社。

速水健朗（2008）。《手機小說性》。東京：原書房。

四、韓文書目

Bookpal (2014a)。〈公司介紹〉，上網日期：2014年10月9日，取自http://bookpal.co.kr/pc/。

Bookpal (2014b)。〈我的頁面 Q&A〉，上網日期：2014年10月9日，取自http://novel.bookpal.co.kr/。

尹智瑗（2014.02.05）〈從福爾摩斯到Xman，OSMU風潮〉，上網日期：2014年10月9日，取自《韓國日報》http://news.naver.com/main/read.nhn?mode= LSD&mid=sec&sid1=103&oid=038&aid=0002463674。

朱時恩（2009）。《網路小說中出現的通信語言研究》，忠北大學碩士論文。[주시은（2009）。《인터넷 소설에 나타³ 통신언어 연구》。충북대학교 ¼사학위논문。]

朱琳琳（2008）。《韓中網路小說的比較研究》。韓國外國語大學碩士論文。
[주린린（2008）。《한‧중 인터넷 소설 비교 연구》。한국외국어대
학교 ¼사학위논문。]

朴仁星（2012）。〈網路小說的短史〉，《韓國文學研究》，43：91-123。

朴藝丹（2010.07）。〈淺談二十一世紀韓國網路小說〉，《科教文匯》（上
旬刊），頁82-83。

吳慧明（2007）。《關於網路內容的單行出版》。中央大學碩士論文。[오혜
명（2007）。《인터넷 콘텐츠의 단행본 출판에 관한 연구》。중앙대
학교 ¼사학위논문。]

李京敏（2014.03.08）。〈抓住網路小說人氣作品內容……年收入破億作家
登場〉，上網日期：2014年10月15日，取自《etnews》http://www.etnews.
com/20140318000124。

李京敏（2014.07.12）。〈Munpia憑藉提供類型小說獨佔服務，寫下付費化
成功神話〉，上網日期：2014年10月15日，取自《etnews》http://www.
etnews.com/20140711000197。

李佳玲（2014.09.16）。〈垂死的出版市場的希望'Munpia'〉上網日期：2014年
10月15日，取自《每日經濟》http://mbn.mk.co.kr/pages/news/newsView.php?
category=mbn00007&news_seq_no=1983696。

李恣媛（2006）。《代表文化內容製作來源之網路小說研究》。韓國外國語大
學碩士論文。[이자원（2006）。《문 콘텐츠 제작 소스로¼의 인터넷
소설에 관한 연구》。한국외국어대학교 ¼사학위논문。]

林智善（2014.01.05）。〈網路連載類型小說，引領電子書市場〉，上網日
期：2014年10月15日，取自《hankyoreh》http://www.hani.co.kr/arti/culture/
book/618412.htm。

金炯碩（2014.09.18）。〈人氣網路小說網站BookPal，連載作家稿費9月也
上升〉，上網日期：2014年10月15日，取自《NEWS WiRE》http://www.
newswire.co.kr/newsRead.php?no=766584&ected=。

金珍玲（2012.02.02）。〈類型小說變成大眾文化潮流〉，上網日期：2014年
10月15日，取自《時事日誌》http://www.sisapress.com/news/ articleView.
html?idxno=57028。

金振良（2000）。《網路留言版小說的敘事研究》。漢陽大學博士論文。[김진량（2000）。《웹 게시판소설의 敍事 연구》。한양대학교 박사학위논문。]

金煬圭（2010）。《網路小說的現況研究》。慶星大學教育學碩士論文。[김양규（2010）。《인터넷소설의 위상연구》。경성대학교 석사학위논문。]

崔幀恩（2009）。《網路小說的口述文學特徵研究》，中央大學碩士論文。[최정은（2009）。《인터넷소설의 구술문학적 특성 연구》，중앙대학교 석사학위논문。]

崔惠圭（2011.12.27）〈[Hi! 我們的品牌] JOARA〉，上網日期：2014年10月15日，取自《釜山新聞》（電子報）http://news20.busan.com/controller/newsController.jsp?newsId=20111227000104#none。

張常容（2014.08.01）。〈類型小說網站Munpia，付費轉型成功……誕生五位月收入達1000萬之作家〉，上網日期：2014年10月15日，取自《每日體育》http://isplus.live.joins.com/news/article/article.asp?total_id=15422823&cloc=。

曹南旭（2014.01.15）。〈Naver網路小說上市一年，確立類型小說平臺的可能性〉，上網日期：2014年10月15日，取自《DailyGrid》http://www.dailygrid.net/news/articleView.html?idxno=18711。

都楠璿（2014.08.01）。〈網漫之後網路小說登場，市場急速成長〉，上網日期：2014年10月15日，取自《NSP通信》http://www.nspna.com/news/?mode=view&newsid=96469。

鄭逸勇（2007）。《網路小說的人物研究》，仁川大學碩士論文。[정이용（2007）。《인터넷 소설의 인물 연구》。인청대학교 碩士학위논문。]

權惠珍（2013.01.15）。〈類型小說也在NAVER看……NAVER網路小說開始營運〉，上網日期：2014年10月6日，取自《聯合新聞》http://www.yonhapnews.co.kr/bulletin/2013/01/15/0200000000AKR20130115106100017.HTML。

秀威經典　　　　　　　　語言文學類　PG1476　新視野16

致我們的青春
——臺灣、日本、韓國與中國大陸的網路小說產業發展

作　　　者／謝奇任
責任編輯／陳佳怡
圖文排版／楊家齊
封面設計／楊廣榕

出版策劃／秀威經典
發 行 人／宋政坤
法律顧問／毛國樑　律師
印製發行／秀威資訊科技股份有限公司
　　　　　114台北市內湖區瑞光路76巷65號1樓
　　　　　電話：+886-2-2796-3638　傳真：+886-2-2796-1377
　　　　　http://www.showwe.com.tw
劃撥帳號／19563868　戶名：秀威資訊科技股份有限公司
　　　　　讀者服務信箱：service@showwe.com.tw
展售門市／國家書店（松江門市）
　　　　　104台北市中山區松江路209號1樓
　　　　　電話：+886-2-2518-0207　傳真：+886-2-2518-0778
網路訂購／秀威網路書店：http://www.bodbooks.com.tw
　　　　　國家網路書店：http://www.govbooks.com.tw

2016年3月　BOD一版
定價：350元
版權所有　翻印必究
本書如有缺頁、破損或裝訂錯誤，請寄回更換

國家圖書館出版品預行編目

致我們的青春：臺灣、日本、韓國與中國大陸的網
路小說產業發展 / 謝奇任著. -- 一版. -- 臺北
市：秀威經典, 2016.03
　　面；　公分
BOD版
ISBN 978-986-92498-3-6(平裝)

　1. 出版業　2. 網路產業　3. 小說　4. 亞洲

487.7　　　　　　　　　　　104028684

讀者回函卡

感謝您購買本書，為提升服務品質，請填妥以下資料，將讀者回函卡直接寄回或傳真本公司，收到您的寶貴意見後，我們會收藏記錄及檢討，謝謝！
如您需要了解本公司最新出版書目、購書優惠或企劃活動，歡迎您上網查詢或下載相關資料：http:// www.showwe.com.tw

您購買的書名：_____

出生日期：_____年_____月_____日

學歷：□高中 (含) 以下　　□大專　　□研究所 (含) 以上

職業：□製造業　□金融業　□資訊業　□軍警　□傳播業　□自由業
　　　□服務業　□公務員　□教職　　□學生　□家管　　□其它_____

購書地點：□網路書店　□實體書店　□書展　□郵購　□贈閱　□其他

您從何得知本書的消息？

　□網路書店　□實體書店　□網路搜尋　□電子報　□書訊　□雜誌
　□傳播媒體　□親友推薦　□網站推薦　□部落格　□其他_____

您對本書的評價：(請填代號　1.非常滿意　2.滿意　3.尚可　4.再改進)

　封面設計____　版面編排____　內容____　文／譯筆____　價格____

讀完書後您覺得：

　□很有收穫　□有收穫　□收穫不多　□沒收穫

對我們的建議：_____

_____

_____

_____

11466
台北市內湖區瑞光路 76 巷 65 號 1 樓

秀威資訊科技股份有限公司 收
BOD 數位出版事業部

....

（請沿線對折寄回，謝謝！）

姓　　名：＿＿＿＿＿＿＿＿＿　年齡：＿＿＿＿　性別：□女　□男

郵遞區號：□□□□□

地　　址：＿＿＿＿＿＿＿＿＿＿＿＿＿＿＿＿＿＿＿＿＿＿＿＿＿

聯絡電話：(日) ＿＿＿＿＿＿＿＿＿＿＿　(夜) ＿＿＿＿＿＿＿＿＿＿＿

E-mail：＿＿＿＿＿＿＿＿＿＿＿＿＿＿＿＿＿＿＿＿＿＿＿＿